闻香识——葡萄酒笔记丛书

Scent to Distinguish —
Notes on Wine Series

Tipsy in Blossom

酒恶时拈花

百尝 著

华东师范大学出版社

图书在版编目（CIP）数据

酒恶时拈花/百尝著. —上海：华东师范大学出
版社，2017
（闻香识. 葡萄酒笔记丛书）
ISBN 978-7-5675-6249-3

Ⅰ. ①酒… Ⅱ. ①百… Ⅲ. ①葡萄酒—品鉴 Ⅳ.
①TS262.6

中国版本图书馆 CIP 数据核字(2017)第 041554 号

酒恶时拈花

著　　者　百　尝
策划编辑　王　焰
项目编辑　许　静　储德天
审读编辑　黄　杨
责任校对　王丽平
封面设计　周伟伟

出版发行　华东师范大学出版社
社　　址　上海市中山北路 3663 号　邮编 200062
网　　址　www.ecnupress.com.cn
电　　话　021-60821666　行政传真 021-62572105
客服电话　021-62865537　门市(邮购)电话 021-62869887
地　　址　上海市中山北路 3663 号华东师范大学校内先锋路口
网　　店　http://hdsdcbs.tmall.com/

印 刷 者　上海昌鑫龙印务有限公司
开　　本　787×1092　32 开
印　　张　8.75
字　　数　157 千字
版　　次　2017 年 3 月第 1 版
印　　次　2017 年 3 月第 1 次
书　　号　ISBN 978-7-5675-6249-3/G·10205
定　　价　38.00 元

出 版 人　王　焰

目录

饮酒态度

感官

诗意

葡萄酒的哲学

品酒笔记

饮酒态度

单独者

我越来越不能与这些新晋的葡萄酒专家为伍。酒甫一入口，就要像牲畜似的发出一种词意不明的咕咕噜噜的声音……吸气进去没问题，发声音干吗？当然我也经历过这个阶段，有时候需要表明自己也是个专家也仍会故意这么做，但我自知愚蠢。

“这是什么？牛肉么？”“羊肉。”

“哇，很好吃！这是牡蛎？”“蚬。”

“嗯，很好吃啊！这里的菜做得真不错。”“谢谢。”

“这酒也很好，和菜很配，有菠萝、柠檬、青苹果、马鞭草的香气，用了橡木桶发酵，所以也有明显的香草、奶油味，还有燧石，对，就是俗话说的打火石的气味，不过我们准确点会说是矿物味。这是霞多丽么？”“不是。”

“哦，通常霞多丽才会用桶，是长相思？”“不是。”

“一些地方的长相思也会用桶，酒都卖得很贵，这是……”“当地的一种小品种。”

“哦，很有意思，酒很好啊，香气很丰富，很平衡，也很复杂，口感圆润，很好喝，有点涩，年份新么，回味也很长，很好的酒，真的非常不错。”

“谢谢老师对我们的酒给予这么高的评价。”

“哇，你很厉害啊，老师！”

“是的，是的！超厉害！能闻出这么多香气，我怎么就没天分，你没说之前我好像什么味道也闻不出来。”

“品酒要学的，慢慢来，将来你们也会的。”

“百尝老师，百尝老师？”

“哦，我有东西掉地上了。”

“您也给我们讲讲这酒呗？”

“我在喝的还是上一款酒，还是让我们年轻有为的品酒师继续为大家解说吧，也说说去酒庄和庄主晚宴的经历么。”

我和他们喝的酒是一样的，然而除了通用的品酒术语之外，有关品质的认同与他们没有任何共同点。我如何能够开口？

有一件事情是很清楚的：人们动不动一开口就说这个好吃、那个好喝，实际上对于“好”这个词并不理解，这个词已经使用得太滥，失去了原有的力量。自然，每个人都有权随便说什么东西好吃什么东西好喝，但是如果作为一种评论则并非每个人都有资格。随便点赞可以，因为不需要负责。公众的识见对事物的水平高低与货色真假的判断并无权威性。什么是好，什么是坏，还是要看由谁来说。

酒商请专家吃喝玩乐，通过他们的挥霍，给专家带来乐趣和感官享受，希望再通过专家的口和笔感染消费者。很多东西、话题就是如此这般靠人云亦云、鹦鹉学舌的方式来传达，且越来越广，于是仿佛有了权威性，但有多少人知道它开始时就立足不稳？

“你无需踩别人来抬高自己吧。”当然不是。

有些人是人群里的单独者。葡萄酒世界存在着很多观念的曲解，总得有人提醒这个见解是对的还是想当然的。

好吧，我已经说得太多，喋喋说教，自诩知道一切，还是喝酒吧。来，谁和我干杯？

正　确

“怎样才算正确地倒葡萄酒呢?”

“倒进杯里。”

“今天把酒杯放在桌上直接倒,有个客人纠正我说:应该拿起酒杯倒才对。”

“不同情况,不同做法,你也没错,他也没错,要灵活对待。”

“那开酒呢?”

开酒?也没有什么所谓正确的开法啊,打开了就好。不同场合,不同要求。

现今葡萄酒商业化教育百花齐放,当然不可避免地会良莠不齐,但是教材、学说皆西来,都在中原逐鹿,都想一统天下,都在传输“正确”的葡萄酒知识。“品酒师”“侍酒师”“葡萄酒大师”“侍酒大师”,老外们轮番来华做偶像、受膜拜,显赫头衔散发着荣光,不但激励着一班又一班的年轻才俊投身这个行业,很多半路转行的老板商人也置身其中。他们自己没喝几天酒，上个三天课、再花个两小时考张证书，便开始给别人上课，对他们的称呼也高尚起来：“葡萄酒专家”“某某老师”，且他们似乎对此受之无愧、甘之如饴。葡萄酒的行业发展正如火如荼。

这当然是好现象。因为葡萄酒是健康的，是时尚的，他们言之凿凿：葡萄酒是一种生活方式，听上去应该也是正确的。

于是，各门各派各种达人速成法、各种葡萄酒秘笈、装腔指南便也大行其道。什么开红酒有 12 种手法、开香槟有 27 步次序，什么倒酒有 8 项注意、拿杯有 3 大不准，什么配餐有 9 类不宜，什么葡萄酒有 10 样好处，等等。

各路大神、各种大师都想以自家的见解为教材，去建立一套关于葡萄酒的标准学说，为行业树立正确的标杆，教授大家真理。酒局饭桌上为人师者一下子多起来了，酒应该这样开，手应该这样放，酒应该这样倒，喝应该用那种杯……三人行必有一师，真是葡萄酒的繁华时代啊。

不可否认的是，葡萄酒教育和评论这个行业充斥了太多业余爱好者，多数的课程就是以偏见的形式引导我们接受他们对事物预先规定好的印象，所聚集的知识貌似全面，仿佛葡萄酒是确定不变的。但是，饮食之事没有一定之规，越是标榜正确越是证明它的错误。课本所教只是概念性的知识，品尝却是精微的学问，依赖于感官，需要长期锻炼，充分实践，才可以获得对酒的可靠性评论。

“你认为现在的葡萄酒教育培养的是专业人士，还是业余爱好者？”

“你以为呢？”

“肯定不是专业人士。”

“应该是职业人士吧。他们拿到证书要么去卖酒，要么去教人品酒卖酒，以此作为职业了。”

我只知道我是喝得越多便越不敢轻易开口教人，饮食可以是一件简单的事物，也可以被吹得天花乱坠。

葡萄酒只是一种含有酒精的饮料，多数是在餐饮场合被消费，餐桌上讲的是礼仪，礼仪要求的正确就是合宜，需随环境、身份、场合而适当调整。

何谓正确的倒酒？倒进杯里，好吧，优雅地倒进杯里。何谓正确的开瓶？优雅地打开瓶子。你付费要学的是优雅，绝不是正确。

个人喜好

英国《Decanter》杂志每年都会举行葡萄酒大赛，从世界各产区中选出他们认为优秀的酒品。宁夏贺兰晴雪酒庄的 2009 年份“加贝兰”干红，在 2011 年获得“10 英镑以上波尔多品种”类别的国际首奖，因此声名鹊起，带动了中国葡萄酒的发展。

做过多次大赛主席的英国酒界著名人物 Steven Spurrier 先生，在每次品鉴会开始前的讲话中，都会叮嘱评审们：“要将你们的个人喜好留在门外。”毫无例外地，2015 年又是如此。2008 年应邀参加他主持的“柏林盲品”之北京站时，我也亲耳听到过他的叮咛。

这不是一个人的论调。很多葡萄酒大师、评论家都持这样的观点。苦口婆心地强调：在评判一支葡萄酒时，“重要的是不可以带入自己的偏好”，“把个人偏好带进评判是很可怕的”……

年轻刚入行时，也接受西方大师们的教诲。一次喝酒，我说了这样的话：“这是一款好酒，但不是我喜欢的风格。”结果，被一向钦服的饮食界前辈教训:“你是在证明你有烂的品位么?”

什么叫你喜欢的不一定就是好的?好的不一定是我们喜欢的?这是好酒但不是我喜欢的类型?谁这么自大?我们一定要去喜欢好的东西,车啊、表啊、酒啊、人啊。不能分辨好坏,那就去学,要做到我们喜欢的就是好的。学会品味,才能有好的品位。

——真正是醍醐灌顶。

后来,在担任为数不多的几次葡萄酒大赛的评委时,我也可以放下自己的喜恶而从众,结果,选出来的常是很平庸的酒。这也令我思考:冷漠的客观性对于理解一瓶酒真的适宜么?个人体验难道就不客观?隐藏自身如何能带来公正的结果?

“知之者不如好之者,好之者不如乐之者”,但“知”是起点。很多人根本不知何谓好酒,以为“我喜欢的就是好酒”,且据此洋洋得意。这是无知。

另一种无知:“这款酒是我喜欢的口味,但这是评比场合,为了公正、客观,我不能给它高分。”这合理么?客观就是撇开自己的好恶?不该这么认为吧。

现代主义的评论家以为压制了一切“我”的痕迹,就是客观了。“好酒是在个人的喜好之外”,这是他们的论调。这不是客观,是自大,而且是盲目的。

客观是在包含自己的好恶并超越自己的好恶的基础上建立的。

我们认为“好的东西”必定是我们喜欢的东西,谁也不是上帝,全知全觉，不偏不倚。

客观而不是虚与委蛇。趣味需要培养，品味需要学习，不能把自我喜好排除在外，对葡萄酒的品鉴亦不例外。鉴赏是审美的趣味，需通过愉快的情感来做判断。审美趣味指的是主体审美偏爱、审美标准、审美理想的总和，是审美观念体系的集中体现。不能把偏好撇开，拒之门外。

身为一个酒评家，如果缺少哲学、美学的素养，是成不了“大师”的。好酒有它的标准，喜欢就是喜欢，不喜欢就是不喜欢，大方承认，并在品评、打分时予以体现，做不到就别自诩客观。

教　养

首先喝的是香波木西尼村的一级田，有着华丽的香气，深色水果和红色小浆果的香；口香也遵循如此这般的丰富果味，酒精感稍突出，酒体强劲有力，丹宁细致，感觉到复杂和矿物感，回味稍有苦感，余味里樱桃、酸枣味突出，忠诚正直，有脉络可寻。92分。

乔治·鲁米耶1924年娶了个女孩，其嫁妆里有一部分是香波木西尼村的葡萄园，从此他定居于此。历经祖孙三代的努力，现在已经是此区名声最响亮、价格最高昂的名门名庄。

现任庄主是第三代的克里斯托弗·鲁米耶，他坚持采用近年流行的有机方式种植葡萄，他认为葡萄酒是上天与大地的恩赐，伟大的酒不是来自酿酒师的创造，而是葡萄本身和自然的造化。酿酒师的职责就是跟随季节的脚步，检视和照顾葡萄的每一个生长步骤，仔细控制酿酒的每一个环节，确保过程中不会出现失误。

再开亨瑞·迦叶的2001年依瑟索，大家第一时间已经感觉到了,香气是不一样的。这酒确有异香,口感绵柔爽利,丰厚的后味,有涩感,但细腻,具有一种和谐而复杂的独特性。口香也是极香。好香！女人香。

真是好酒,真是好喝。

酒体的构成,微量香、味成分的量比关系上要恰到好处,这样,就会反映到酒的感官特征方面,在感觉中香气和口味也恰到好处,这种酒就是好酒。可是对迦叶的酒来说这样真的足够么?

“你无法把它的那种妙趣传达给别人,正如你无法把一个吻寄出去。”(兰姆)

这两款酒一起喝,竟造成了一种特殊的比照情状。迦叶的酒就是给人此物只应天上有的讶异感。

他是地道的葡萄农,他要求葡萄农们在清早就开始勤奋劳动。他发掘不同葡萄园的天才的特性并试着确定其特点,然后尽最大可能将这种特点通过结出的果实带进酒里。这里重要的只是探索,探索每一块土地的本色,探索他与之前的那些伟大的酿造者心有灵犀的同时又有什么地方有别于他们,而最终也超越了他们。

喝这种酒会给人抱愧感,如何恢复平常心?康德说:穷奢极欲,会让我们将来继续享受的能力越来越差。对这种奢侈的、价格高昂的消费品的态度:要保持享受之心、好奇心、尊重感,尽可能总是把它们保持在前景之中,不要因过早的享受而使对于享受的敏感性变得麻木。

“有一种享乐方式同时就是一种教养：即对享受更多这样的快乐的能力的扩大；以科学和美的艺术来享受就属于这一类。”

我们是没有资格把葡萄酒定义为艺术品的，也不需要。比如说，诗是艺术品，我能把从书上撕下印了一首诗的那页纸烧掉，我烧了那页纸，却没有烧掉那首诗。酒呢？我喝了这瓶依瑟索，依瑟索就真没了。我们只是以科学和美的艺术眼光来品味、来欣赏、来享受酒就好，纯粹的鉴赏判断不依赖于魅力和感动，也不是在炫耀。

如果你问迦叶的酒真的好喝么？我会讲个故事给你听。有一天，一位禅师和某人在山间散步，禅师问：“你闻到桂花香了么？”这人回答：“闻到了。”禅师说：“你看，我没有对你隐瞒什么。”

逝　去

1970 年的巴罗洛，酸梅汤、加了话梅的绍兴酒，然后再也找不到词汇用来形容。来自葡萄的也就剩下那一丁点的果味，你要小心，放下杯回个头，然后不知怎么就再也找不到了。只有离散状态的酸度，像游牧部落，保持着破碎的游走。带酒者、同席者都不舍，让服务员另加杯喝别的酒，一边在等待着更好的东西。但是，这酒活生生地在杯中显露它实已走进枯竭，再怎么醒酒、再怎么等待都唤不回青春的返照。悲伤残酷的物语，就是这样了。

“这是不是说明并不是所有的酒都能够陈年？并不是所有的酒都是越老越好?”

“是的。”

就是这么回事儿。

因其老，在品饮者的内心总还能留下一点儿余兴、一点儿回味，也依然能喝，但是酒中成分却改变了。虽然伤慨流连，想味之不尽，还是出了总该发生的事，酒确实是逝去了。而作为发生的事实性，是使事实成为事实的东西，那些隐藏的不可见的因素是需要我们去发现的经验。懂酒的人会明白，不是所有的酒都有保持陈年的资本，如果没有足够的酒体构成，那么，随着时间的逝去，酒里的可溶性物质就会自然而然地发生变更或者分解，酒会丧失原本的风味，酿造之初酒中值得品味的那些色香味的品质，就走样了，就失去了，酒质平稳地不可避免地会走向衰退，过了某个节点，便一变而为经不起风霜的老弱酒品，丧失了可口性，只留下一瓶可怜的不纯粹的酒精溶液了。

"你喝得多，当然知道，可是我们怎么判断？"

"这不是遇上了么，记住就好啊。"

他们总是挺聪明地把我错当成有学问的人，其实不是，我只是比他们老而已，我只是在这些酒年轻时喝过它们，我只是学会了一些可资判别的线索。把遭遇当作经验，顺应就好。

年轻时我看不出女人的年龄，分辨不出一家人长相的相似之处，所以做不成画家。一次在饭桌上介绍了两个女生和朋友相识，在新识暂离的空当，朋友问她多少岁。"不知道，应该比你小。""肯定比我大！和你差不多。""你怎么知道？""看她的手啊。"我不太相信。后来，当新识变成旧识我才知道她的年龄竟真的如此。我只能佩服地想：好吧，在女人那里有些知识是我们不懂的。很多东西都是随着长大才明白的，30 岁以后，甚至 40 岁，一切都安排好了。

近一年很多意大利老酒被酒商发掘，很多20世纪七八十年代的酒流进市场，甚至五六十年代的巴罗洛、奇扬第等等。有幸试过的也不少，有酒质保持得很好的，有像今晚这支年华已逝的，有早已经坏掉的。买老酒有风险，你得承受失望的结果。葡萄酒大师们常说：一瓶酒和一个年份的收成等量齐观。在我年轻的时候，意大利酒通常被戏称是用来洗车的存在，你要知道在那个贫瘠年代，多数酒都是粗制滥造的。天也，时也，怪不得人。很多酒得以留存下来那是因为卖不掉，酒质过了属正常，好喝就是惊喜了。

他们说葡萄酒是有生命的，能带给我们人生的感悟。但是我却常常怀疑，酒里真的有什么可取的东西？人生不完美，有的醇美无人问津，有的劣质却流行。酒不会倚老卖老，人会。你得学会辨别，你要懂得线索，何谓好酒，何谓老酒，何谓适饮性，何谓可口性，做个智者，而不是一见老就说好。

差年份

1984年的开春十分寒冷，雨不停地下。冷，葡萄根蜷缩着，不能在正常时间发芽，春寒严重打击了品丽珠和美乐的生长。赤霞珠发芽较晚，勉强挺过了漫长而冷酷的春天，保留了些许希望，但开花期还是延迟至6月中才到来，虽然7月至9月上旬天气持续炎热和干燥，但为时已晚。9月20日左右开始的风雨也不利采收，这一年的收成以赤霞珠为主，美乐几乎完全失收，采收期由10月初至中旬结束，所有的酒庄都减产，不少酒庄这一年甚至不出酒。

“这些你在酒里都能喝得出来?”

“当然不。”

“那你怎么知道?”

“酒标上写着呢。”

酒标上当然没有写这些，而是黑色的有着一座金色城堡的图案，很吸引眼球。这是波尔多三级酒庄的帕马堡，很著名、醒目，酒庄故事你可以网上搜索。

因广州赖兄的邀请，我参加了一场葡萄酒爱好者自费组织的“帕马堡垂直品鉴会”，广州、深圳、武汉、郑州等十位葡萄酒发烧友也从各地赶来，足见帕马堡的魅力。垂直品鉴，在此是意指对一家酒庄的多个年份的酒同时进行对比品鉴。参与的有 1979 年、1984 年、1990 年、1995 年、1997 年、2003 年、2004 年、2005 年 8 个年份。

帕马堡就在玛歌村的主路上，造访产区一定会路过，但是要和这座著名的城堡合影，你得忍受它和你之间隔着一排钢铁栅栏。

玛歌是个很大的产区，在 1855 年波尔多梅多克 61 家列级名庄分级榜上，共有 21 家酒庄入围，而且从一级庄到五级庄都有入选的唯有此区。这里的酒风格阴柔、内敛，香气迷人，容易获得人们的喜爱，特别是女士。

最知名的当然是作为一级庄的玛歌堡。因为和产区同名，在以前信息传递不发达的年代曾经给了酒商很多浑水摸鱼的机会，酒标上出现“玛歌”字样明明指的是产区却都被当作“玛歌堡”卖给了消费者，和今天拿着“茅台”镇的酒当作“茅台酒”卖一样。帕马堡仅次于玛歌堡，虽是三级庄，很多年份的价格却是直逼一级庄。当然，说的是好年份。

对葡萄酒而言，年份的好坏指的是那一年的气候对葡萄生长的影响程度。葡萄酒品质的好坏，取决于收成时葡萄果实的成熟程度。葡萄是植物，它的每一个生长阶段对最后的收成都会造成影响，那么它的每一个生长阶段的天气状况对品质是助益还是损害就变得至关重要。没有其他任何地方的葡萄酒像波尔多酒一样忠实，如树的年轮般记录着葡萄生长年份的富足与贫瘠，对应的也即酒庄这一年的收成状况。好年份的葡萄酒能卖个好价钱，差年份则收益惨淡。好年份的葡萄酒像是公主总被捧着，差年份则是丫鬟，没多少人正眼看。

就像这次品鉴会已经被人说，为何不找些更好年份的酒。而其实差年份的酒你能喝出更多的东西来，也只有喝得懂差年份的酒才有机会喝得懂好年份的酒。

1984 年因为美乐葡萄的失收，却凸显了它的重要性。这一年的酒果味不够丰富、空有框架口感却不够丰腴、高酸、丹宁粗糙，这些收成不好的赤霞珠的特点，本来都是美乐可以补充的。和属于极好年份的 1990 年酒比较来喝，让大家获益良多，对葡萄酒的理解比单纯喝一支 100 分好年份酒更有价值，也更有启发。因为这一次正规而严谨的品酒会，喝到最后大家发现，酒评家口里的好年份酒并没有好到哪里，差年份也并不是真的那么差。

好酒的意义不是我们喝了的东西，而是喝出了东西。这应是我们的态度。

感　动

“1988是1987与1989之间的自然数。是一个阿拉伯数字。是偶数，因为能被2整除。是一个有理数。”

本来上网想搜一下1988年发生的大事，结果跳出来的是这样的结果。

好吧，记忆或许只是与个人有关，只对自己重要。1988年我能想起的首先是汉城奥运会，其他就仅记得过完那一年生日的第二天便离开故乡，举家南迁。

新中国第一次参加奥运会是在1984年的洛杉矶，获得15枚金牌。随后在1988年的汉城，获得5枚金牌，这届奥运会于是被称为“兵败汉城”。

我永远记得其间的那种紧张气氛，被寄予厚望的举国偶像们接连失利，代表团承受着超乎想象的巨大压力，特别是上届共获得5枚金牌的体操队，这一次却只剩下一个寄托——楼云。洛杉矶奥运会上，他在跳马项目中首次亮出“前手翻转体180度加直体后空翻”和“前手翻屈体前空翻转体540度”两个高难度动作，斩落金牌，后者随后被国际体联命名为“楼云空翻”，列入《国际体操男子评分规则》。

1988年9月24日，中国体操队硕果仅存的楼云孤军奋战，靠最后一跳稳如泰山的落地蝉联男子跳马金牌，成为中国体育史上的经典。

完全没有想到多少年以后，竟然有和年轻时候的偶像一起喝酒的机遇，曾经感动过自己的青春印记就在眼前。

这晚喝的是一支4个标准葡萄酒瓶容量的拉图堡，年份是1975年。主人波哥问酒如何，答曰：9.975分。

起跑、起跳、腾空、落地：弹跳高而飘，落地重而稳，整体动作干净漂亮，技术风格踏实稳健，这是国际体坛对“跳马王”的评价。信手拈来形容拉图堡竟也极其契合。酒是下午6点前打开的，开瓶、醒酒、落杯、入口：酒体厚而壮，质感细而密，保存良好，干净扎实，风格表现浓郁雄浑，不愧波尔多“酒王”之誉。

在职业生涯的每一个阶段，我都是因为遇到一款感动了自己的酒才被引领着更上一层楼的，拉图堡正是我遇到的第一款让我感动的酒。

那时候我在餐厅工作，开始接触葡萄酒，但它只是作为我工作上需要负责的一部分，虽然拉菲也常能喝到，却并没有把葡萄酒作为学习的目标。直到有一晚，一位老人家一个人来吃饭。我路过他的桌边看到他正喝着一支半瓶装的拉图堡。酒是他自己带来的，负责这区域服务的同事收了200元的开瓶费，却仅给了他一只小小的玻璃酒杯。我取来一只水晶的波尔多杯帮客人将玻璃杯换掉，并免除了他的开瓶费。面对同事的质疑，我回答："我要尊重这支酒。"

在准备洗杯的时候，我习惯性地闻了一下，然后大大惊讶了：香气是如此美好、深邃、持久。"从一滴水看到整个海洋"，那一刻我相信了。从此开始学习葡萄酒。

这支半瓶装的拉图堡，年份是1990年。

玻璃瓶自17世纪才开始被大量用于葡萄酒的储存，都是人工吹制的。一个工人一口气所能吹出的大小成为最常见的酒瓶容量，大约700 ml左右。后来为了计算方便，欧盟设定750 ml为葡萄酒瓶的标准容量。酒瓶的大小对葡萄酒的陈年能力影响颇大，小瓶装的酒更容易老化，需早喝；大瓶装更利于陈年，所以拍卖场上多见大瓶装的身影。

波哥的这瓶1975年的拉图堡就是买自拍卖场，颜色、香气、口感皆不见老态，大瓶装于酒质保存的优势自不待言。

有时候也想如果能化身而为贮酒瓶，将纷纷如宿草的记忆永远封存、永不打开该有多好。而最后青春终将如同被拔掉瓶塞的酒，倒出来，醉一回，没有什么留下来。

初　心

懂茶的她述说自己的经历，说起在云南寻茶的艰辛，路上遇到平生第一款令其感动落泪的普洱茶；说起在武夷山试茶一天，喝到最后坐都坐不下来，然后再一次遇到感动落泪的岩茶。

两款茶她都留了些装在小茶罐里，置之床头，陪在身边，有时候不开心，日子过得太累，或恣肆爱好时感觉倦怠，便打开盖子，闻闻茶香，提醒自己初心之所在。

对于自己品茶学道过程的述说，在喝茶聊天中她有顺便带过的意味，却又以一种天真的自明性，在烧水、冲茶的呈现中给出了她自身的经验和见解。

学酒的我也有相同的经历，忽然对某一款酒有了味觉记忆，以为自己具有了分辨之心，于是从事了这个行业。工作之便，酒接触得多，喝得也多，入门极快。后为职业资格而去参加专业培训，课上酒款一尝一嗅皆胸中了然，竟以为自己小有天赋。

“这酒很好，但不是我喜欢的风格”，“这酒不行，但大家都说好，说不定你也喜欢”，“这是好酒，只是多数人不会欣赏，要不要挑战一下自己的口味”，“你喜欢的不一定是好酒，我喜欢的才是”……这些都是那个阶段的我自大而傲慢的常用语。

收集酒瓶，收藏酒标，外出吃饭自带酒杯，写品酒笔记，看所有的书，买没喝过的酒，坚持自己的口味偏好，也接受更多的风味挑战，然后遇上一款令你感动不已的酒，遇上一款让你想要流泪的酒，遇上一款满分的酒，觉得终有所成，敬畏之心逐减，倦怠之心渐增。酒么，不过就是水么，随便喝喝呗。葡萄酒品尝到底有多少学问在其中呢？

开瓶者拿起酒刀都会有一种破坏的喜悦，每一瓶酒都是未曾被开垦的处女地，每一瓶都何其相似，每一瓶又那么不同，对酒而言生和死都是从开瓶那一刻开始的。酒评家操的都是强暴之笔。

直到一天，在自己举办的品酒会上，某人端杯酒给我，问：“这是什么酒？”

忽然，我所有的品酒技能茫然失其所在，脑海一片空白，产地、品种、品质，第一次我对杯中的液体什么也感觉不到，什么也把握不到，什么也说不出来。是红酒的香气，是红酒的味道，然后呢？所有的品酒词，无论是形容香气的、还是口感的，自己一向使用熟练、驾驭自如的词汇，我依然能比别人更丰富地背出，但是却无法将它们和此刻的杯中物发生连接。我没有失去对酒的描述能力，我失去了对酒的判断能力。

答案揭晓，这是一款我选来的最便宜的法国波尔多普通餐酒。

那是一次顿悟吧，多年所喝、多年所学、多年所写，都没有形成一种对酒的最直观的判断力。学会专业地描述一款酒当然是好的，但是，葡萄酒的许多美学特质并不必然因此而使人获得充分的理解。要真正地懂得一款酒，重要的是要有对酒之品质的判断能力。

坐到门口，把那款剩下大半瓶的平时不屑于喝的酒全部喝完，想着一位导师说过的话：做学问要有自己的体系，也唯有形成体系才能判断是不是真学问。就是在那晚，我才决心一定要写一本关于葡萄酒入门的书，一本关于葡萄酒正确入门之道的书。

自此，酒海徜徉，每感倦怠，我会找的是一款最便宜的酒，打开喝，提醒自己初心之所在。

感官

感冒了

哎呀，七月终于过去了。

在炎热的夏天伤风感冒，不再会被人取笑，因为它早就不是流行性的季节病，而成为现代都市病了，空调和风扇是杀手，但是，一夜之间大部分的嗅觉和味觉都被摧毁掉了，仍是糟糕透顶的事情。

口干舌燥，上腭发炎，鼻子堵塞，喉咙仿佛被异形侵占，它挣扎蠕动似要撕裂开来，仅仅稍微用力地呼吸也痛苦不堪。我走在街上，三十多度的气温下，却浑身发冷，颤抖不止。别说食物，就是水也已经难以下咽。味道？什么也吃不出来。呼吸如漏气的风箱，嘶嘶作响。好的气味一概闻不到，腐臭坏败的味道却异常清晰。

什么？你也感冒了？刚刚还买了几支酒，想试着品尝？而你也知道嗅觉和味觉在品酒方面是最重要的两个感官指标。

呵呵，别担心，不用害怕和沮丧。

人类的鼻腔里有五百万个嗅觉细胞，这些嗅觉的神经元每隔三十天就会更新一次。骄傲吧？可是你知道么，对门那家养的牧羊犬有两亿两千万个嗅觉细胞。有时候真想倒一杯红酒给它，然后问问我到底错过了什么。我们的味觉细胞分布在口腔：舌、腭和咽喉的上部。十个月大的婴儿味觉神经纤维便趋成熟，可以辨别五味，但是味蕾的数量却是随着年龄的增长而变化，45 岁的时候才会达到顶点——一万个左右，然后慢慢减少，但是 70 多岁后仍有四千个，味蕾的更新周期是十天。厉害？牛有两万五千个味蕾，鲁迅先生说它吃的是草、挤出来的是奶，难怪我们干不了这事，草可能真的有我们咀嚼不出来的美妙滋味呢。

怎么样，放心了吧，在饮食方面是没有少年天才的，只有老饕。当然，不同的人的嗅觉和味觉的灵敏性会有差异，也会在不同的时间、不同的条件下出现波动。这个世界上存在着具有敏锐超凡的辨别能力的人，但是更多的是感官功能齐全的人吧。通过学习，掌握一些专业的知识，加上一些训练，积累尽可能多的品尝经验，学会准确而专业的品评用语，然后重要的是具有诚实和公正的态度，品酒并不是一件难事。

德国葡萄酒专家苏普博士曾提到源自中国的古老智慧：一个星期中要保持有一天、一个月中要保持有一个星期、一年中要保持一个月不喝酒，对健康有益。

结果七月是自己的戒酒月。

并不仅仅是因为喜欢

常常被人问的一句话是：怎样的酒才算是好酒？或者，如何来分辨一瓶酒是好是坏？

嗯，略微迟疑，有些为难。

“很难用一两句话说得清楚。”沉吟着、想着、找着两三句可以说得清楚的表达。然后，我要开口，话题却已经转到别的方面去了。终于不能说得清楚。

这人喜欢收着藏着不显山露水，于是给人这样的印象。

后来学精了，再被人这样的问起，便第一时间微笑着答曰：“你自己喜欢的酒就是好酒。”

于是宾主皆欢。

其实这才完全是一句推搪的、说了等于没说的废话。

给我时间，让我沉吟，等我斟酌，然后，听我说出来的才是好朋友吧。

如何品酒？非常简单。

就是调动喉咙往上的感觉器官来感受酒这种人类最伟大的发明，也有人说是上帝赐予的最慷慨的礼物。

每种酒都是由独特的原料和生产工艺造就，因此也就有着完全不同的风格特点，但毕竟是液态的有形的物质，因此我们的眼睛可以看到它的颜色和形态；含酒精而能挥发，我们的鼻子也就能嗅到它的气味；是液体，我们的嘴巴便也可尝出它的滋味；耳朵再听一点别人的意见，比较一下脑袋里记忆中曾经喝过感受过的、好酒本身应该具有的色香味和风格方面的特点，然后，问问自己的心：喜欢不喜欢。

好酒是要带给人愉悦感觉的。

一直以来，中国饮食文化给人的印象是肚子里的拥有，满足的是口腹之欲，喝酒讲究的是豪饮，三杯下肚，是精神上的自我安慰；而西方人喝酒更多的却是注重品赏，利用或者说开启人类本身拥有的生而俱来的感觉器官的感受力，陶醉于官能的玩味。

除了西方人的鼻子比我们凸一点，在对美的体味上东西方其实并无差别，当然两方都需要撇除各自保守着的一些偏见。

一点专业知识，一些相关的常识，尊重约定俗成的礼仪，抱持开放的胸怀，保持正确的态度，享用美酒其实也就是享受人生的一部分。

或许你会说：我不喝酒！

有什么关系？你的人生必也有其他值得追求的感官享受吧。

要感受世界，先体会自己，而品味文化正是启蒙我们本身官能感觉的开始。

马可·波罗带回了什么

提起意大利想到什么？时装？名牌？咖啡？足球？文艺复兴？或是浪漫情调？

意大利是世界上最大的葡萄酒生产国，是世界上最适合栽种葡萄的国家，也是世界上最早酿酒的地区之一。对意大利人而言，喝葡萄酒就好像美国人喝可口可乐、中国人喝凉开水一样理所当然。也正因此，她的葡萄品种古老、繁多而又复杂，气候和土壤千变万化，地域性的历史文化又多姿多彩，再加上口味、酿酒技术的差异，要了解意大利酒比了解任何其他国家的都困难得多。

意大利人天生比较随意吧，在葡萄的种植和酿制上没法国人那么地精益求精，自我口味更突出一些。1990 年之后葡萄酒业者才开始采用市场化和企业化的生产方式。

意大利酒相对喝得不多，廉价的多不堪入口，中上价位的也试过一些，包括酒王级的让世界惊奇的新宠，感觉佳是佳矣，但却是波尔多的口味。想要波尔多口味？太多选择了吧，何必意大利。反而有时不抱期望偶尔喝到的一些，却有着强烈的意大利风格，留在记忆里久久不忘。

Chiaro 就是这样一支酒。

此酒是意大利最古老的土产葡萄之一 Primitivo 酿制的，开瓶后几乎可以用猛烈来形容它那蓬勃的香气，那是一种动物类的气息，皮革、野草丛、海滩，腥风血雨般，很难捕捉，只能承受。颜色很吸引人，喝到嘴里咽下去，那感觉非常过瘾，余味也佳。

难得的竟是酒标上酒庄自己的介绍：此酒会有一个丝绸般的收结。

意大利人真的认定马可·波罗带回的是产自中国江南的蚕丝？而不是蒙古人的羊羔皮或者马革？此酒的结构是如皮质般的硬朗、粗糙，而不是丝绸般的顺滑，整个舌面、口腔壁、上下腭都感觉到丹宁带来的收敛，仿佛听得到它的嘟囔：让我吃东西，快快快，我不喜欢单独地存在！这真的是一支佐餐的酒，是大口喝酒、大块吃肉的绝佳配搭，然后引吭高歌，要么成为帕瓦罗蒂一样的大胖子，要么便是到摔跤或足球场上去挥发多余的精力。

意大利人看到这篇文章，会骂我吧。

和大多意大利酒一样，此酒要快快地喝完，因为一小时后它便只有车房底下汽油般的味道了。

如何品酒

谈到这个问题，其实很多时候都是在重复前人的说法和做法，但是，每个人都会有自己的喜好和选择吧，我也有我的。如果重复或者袭用了别人的，那是因为品酒有其特定的步骤、动作和礼仪，千篇一律，特别是在一些基础的知识和常识方面，不过最终酒还是要用自己的嘴巴来品尝，精彩是个人的体会。

平时我们饮酒的时候，对酒本身往往没有什么特别的选择，重要的是什么时候及和什么人一起喝。只要酒不是太差，清楚自己的酒量和胆量，喝进肚子，增加一些豪气，和身边的人更亲密一些，当其时更重要的是氛围和酒逢知己，至于筵席散后的孤单涌起、夜晚床上的辗转难眠、要醒未醒时候的头痛欲裂都还是一个人可以承受的轻。

品酒却不同，这时候酒是主角，我们本身的酒量和胆量并不重要，重要的是环境、温度、正确的酒和正确的杯子，我们要做的既不是浅尝辄止，也并非大口灌下，而必须先将酒正确地打开，倒进杯中看它的颜色；摇一摇，浅之后深、闻闻它的气味；喝进嘴中，让酒铺满舌面，搅动舌头，让口腔的每一个部位都和酒接触，然后卷起嘴唇，吸气、搅动、呼气，记下嗅觉和味觉、舌和上腭的反应；中国古语“惟酒无量，不及乱”，或许只有在这时候才能纯粹地达到吧，因为品酒的最后一个步骤：你可选择把它咽下或者吐出来。只是品味，不喝酒、没有酒量没关系，仍然可以成为出色的品酒者。

看别人的动作你或者觉得他是在表演，自己这样的时候也可能会担心他人以为你是做作，但这是品酒正确的动作和礼仪，而且需要抱着严肃的态度认真去做，一丝不苟，基本上所有的酒都可以这样的步骤来品味。试试看吧。

那么，什么是酒？

1999 年版的《辞海》：“酒，用高粱、大麦、米、葡萄或其他水果发酵制成的含乙醇的饮料。”——这是物质的命名。

许慎《说文解字》：“酒，就也，所以就人性之善恶。一曰造也，吉凶所造起也。”——这是文化的内涵。

酒就是这样一种神奇的饮料，有着漫长的历史、轰烈的形象、矛盾的性格和繁多的类型，天之美禄也。

吃葡萄不吐葡萄皮

问答题：红酒是由红葡萄酿制的，白酒则是由白葡萄酿制的。这种说法正确么？

在酒类专业术语中，红葡萄指的是红、黑、蓝色系的酿酒用葡萄；白葡萄则是指白、绿或黄色的酿酒用葡萄。

有帮亲密的人剥葡萄皮的经验么？你会发现无论是红葡萄还是白葡萄，果肉几乎都是白色的或者浅绿、淡黄的，当然除了一些染色的品种。酿酒用葡萄和食用葡萄在这点上是一样的。

葡萄酒的颜色主要来自葡萄的皮和汁，红酒的酿制是皮与汁一齐发酵，皮中的花色素进入到酒液中，形成红酒的颜色；白葡萄酒则是分离开葡萄皮，单独发酵果汁，所以有的只是果汁的颜色。

回到前面的问题，红葡萄是可以用来酿制白葡萄酒的，甚至真的有完全用红葡萄酿制成的白葡萄酒；而现在，多数新兴葡萄酒产地为了增加风味和复杂的口感，很流行调和红白葡萄来酿制红葡萄酒或者白葡萄酒，所以那问题是没有标准答案的。

葡萄皮带给酒的当然不仅仅是颜色，还有另外一种物质：Tannins。

它是一种有利的酚类化合物，在植物中一般存在于叶子(像茶)或者果实的表皮(葡萄或其他水果)，和蛋白质作用能够防御细菌，而和口水里的蛋白起反应则会产生苦涩的口感，用来保护植物的叶子和果实，以避免还未成熟便过早地被动物吃掉。

吃葡萄不吐葡萄皮，试着咀嚼，连籽一起，在舌上、上腭间是一种什么感觉？喝茶的时候，比如香片，口中涩涩的，浓茶的话甚至会觉得苦，舌头表面也会有收敛和涩的感觉，这就是 Tannins。

适量的它会给酒和茶一个好的口感，口腔中的收敛，逗起津液，开胃，令你想吃东西。所以喝茶的时候喜欢伴一些点心，而葡萄酒也被称为佐餐酒，可以避油腻，它和肉类中的蛋白质起反应，能使纤维柔化，令肉质口感细嫩。

“Tannins”，一般译作“单宁”或“丹灵”，确实，来自葡萄皮、梗和籽，使酒陈年的橡木桶里面的它可称为酒的神丹灵药，正是它给予了葡萄酒骨骼和架构，以及陈年的能力。不过我喜欢用“丹宁”，好的丹宁带来好酒，好酒则是让人宁静的。坏的丹宁？只有一个味道：糟糕的苦。

不吃葡萄倒吐葡萄皮

有些书籍将“丹宁”翻译作“丹宁酸”。其实葡萄酒中的酸类物质主要由有机酸构成，有来源于葡萄本身的酒石酸、苹果酸、柠檬酸和酿制过程中产生的琥珀酸、乳酸、醋酸等；而丹宁和同样主要来源于葡萄皮中的花色素则属于葡萄酒中的另一类物质组合：酚类化合物。

对酒体而言，白酒重要的是酸、糖、酒精三方面的平衡；红酒则是酸、甜、酒精和丹宁四方面的平衡。酸是白酒的躯干，丹宁是红酒的骨骼。

白酒是果汁的液体发酵，将糖分转化为酒精；而红酒是混合发酵，多了一个皮、籽、梗固体物质的浸渍作用，将丹宁、花色素等溶解在酒液中。正是丹宁、花色素等酚类物质给予了红酒比白酒更为复杂的颜色、结构和口感。

花色素分子呈红色，正电性，活跃而不稳定，容易和其他分子连结而转变颜色;丹宁在化学概念里是带负电子的活性分子,本身也有颜色,有橙、琥珀和黄;两者的正负电子可直接结合,呈无色,在无氧的状态下水解会变成橘黄色,接触氧气则会变成红色,而在微氧的条件下,在橡木桶中或者软木塞封闭的瓶子里,与酒中的乙醚结合,会变成一种稳定的红色色素。几个因素带来的变化决定了红酒颜色的变幻。所以,葡萄皮本身含有的和酿制过程中萃取出的花色素的多少是决定红酒颜色的基础,而丹宁的多少则既是颜色稳定的条件,更是葡萄酒经得起陈年的重要因素。

丹宁不是气味或味道,而是一种在口中能够被察觉的触感。新酿的酒中,丹宁是大量而独立的存在,小分子活跃,和口水中蛋白的反应猛烈,口感苦涩、粗糙、生硬。在橡木桶或者酒瓶微氧的环境中陈年,对丹宁结构的改良起着积极的作用,随着时间的推移,它的含量会减少,既和花色素结合,也会和酒中的蛋白成分结合,产生稳固的特性,使酒质能够保持;一些丹宁分离凝结成为酒中的沉淀,另一些由简单的小分子聚合成连锁的复杂大分子,入口的反应会变得柔和、驯服并且持久,有一个好的口感。

近年的研究证明,花色素、丹宁对人体的健康也有着像对酒一样的保护作用呢。

不吃葡萄倒吐葡萄皮,喝一口红酒吧,葡萄皮中优异的、有益的物质皆在其中。

大河上下

座中新识的日本友人要喝“酒鬼”，叫了一瓶，验明正身后，让人倒了六杯，惯例的我的诡计：再杂入一杯白开水，然后一字排开放在台上。

连干两轮，他拿到的都是酒，辣得龇牙咧嘴，却大呼好喝。于是再叫一瓶，倒一大杯给他，自己作陪。

观、闻、入口的第一感觉都还好，可是，怎么喝下后口中的余味却变得像湖南妹子一样的妩媚？第一次喝酒鬼应该是十年前了。那时候刚刚听说此酒在偷偷地流传，说什么黄永玉设计的酒瓶，比五粮液、茅台更贵，而且市面上一般还买不到等等。是一个生意人带了两瓶来，他的最爱并喝惯的是五粮液，那晚也是第一次弄到这酒。倒一杯给我，问我如何。仔细地品尝，然后手握空杯，用了一个比喻向他比较茅台、五粮液和酒鬼这三种酒。

像一条河——

酒鬼棱角突出，如河的上游，支流很多，香、味、酒体汇合着、冲突着、接纳或者排斥着，还没有达到很好地圆融；入口劲度十足，后劲却稍欠敦厚，余味也欠绵长。

五粮液是河的中游，支流业已汇合融通，主体已定，辛辣绵甜有着很好的平衡，厚薄适中、浓淡有劲，口感圆润流畅，四平八稳、尾香绵绵。太过圆满了吧，稍嫌其无风无浪，八面玲珑。

茅台则似大河的下游，博大弘深，你可嫌其口感不够细腻，但绝不是沙石俱下；你可怪其不够润畅，但口腔里的交汇却绝不是横冲直撞；你可怕其入喉之辛辣，但其醇厚雅正却一以贯之，直抵丹田。分辨好酒的一个秘诀是：瓶中酒已干、杯中酒已尽，而空瓶、空杯中留下的芳香仍然绵绵不断、渗人心脾、让人愉悦。茅台是中国酒中唯一能给我这种感觉的酒。其空杯留香留的更是一种霸气、一种历史的沉淀。

日本人点头如捣蒜，我却怀疑他真的能明白这一比喻了，毕竟其国境无长江大河，酒以淡者为尚呢。

以前认为酒鬼带点神秘的出身假以时日当可异峰突起，或有潜质与茅台、五粮液鼎足而立。后来的演变竟成为众多电视名牌的其中一个了，辛辣失却圭角，绵甜变得媚人。作为好酒的一个最重要的特征是余味要非常干净，酒鬼恰恰也失去了这一点。

第一口啤酒的滋味

出关外看书友包子的书房，午夜，在他和对门茶友勇红两家共同拥有的天台花园小坐。

取出自己随身的酒壶，将里面的白兰地分了两份，一杯给酒友宝玉的小厮品鉴，一杯给茶友的妻试尝。不饮酒的她拿起杯，晃一晃，看一看，然后凑近鼻子，闻一闻，抬头："这是葡萄酒吧，有葡萄的味道。"

真令人惊讶。

再给她威士忌，这回她皱起了眉头："我不喜欢这个酒，味道很臭。"

对呀，不喝酒的人闻茅台也好、五粮液也罢，第一反应都是说很臭，威士忌和中国白酒一样，都是用粮食酿造的。

佩服得不得了。

就是这样，饮食乃人之所需，并不需要什么高深莫测的学问，不过是启动我们的感官、享受美酒佳肴的滋味而已。保持空明的心灵，开放的态度，欣赏的目光，清新的感觉，触物而动就可以了。

无须畏惧什么，更不必设下框框，黄周星在《酒社刍言》里说："饮酒者，乃学问之事，非饮食之事也。"这是废话，不要理他。不信？饿他三天再看他怎么说。吃喝就是吃喝，简单不过之事也。开口，说出你的第一感觉，很多时候其实已得神髓。

小时候邻村建了镇里第一座啤酒厂，以液体面包为名广而告之。一时间，啤酒成了走乡串户看亲戚最热门的礼物。乡里人包括我大妈第一次知道了："这就是啤酒？闻起来怎么跟马尿似的！"长大后我们那支举家南迁，我的妈妈第一次喝速溶咖啡："味道怎么跟坏地瓜似的！"

乡下长大的人才会知道这两个比喻有多传神吧。

"咱城里人喝的是葡萄酒。"你说。噢，葡萄酒是什么味道呢？"也就是酸酸涩涩的，那种调调，说了你也不懂。"

确实吧，无论喜欢与否，葡萄酒第一口抓住我们的就是那种酸涩的风味，还有花香、木味、野莓、草叶、农场、马圈……

"说你是乡下人，还真是的！有吃有喝还偏就要想家！"

妈妈说鼻子下面有嘴，口味总是伴随着气味，嗅觉也总是引导着味觉，这是人类最古老、最原始的感觉之一，也是所有感官中最直接的，不需转接就投射至前脑负责情绪、记忆和行为的边缘系统，能刺激回忆、引发情绪、唤醒沉睡的感觉，“能送我们越过数千里，穿过所有往日的时光”，甚至生命的最初。

——“第一口啤酒的滋味是唯一像啤酒的。”（菲立普·德朗）

与名家相左

对同一支酒，两个人有完全相反的评价丝毫不奇怪，如人饮水，冷暖自知。葡萄酒评论界的著名人物英国的麦可·布罗本(Michael Broadbent)以及珍西·罗宾森(Jancis Robinson)都曾因为某一个年份的某一支酒和美国的罗伯特·帕克(Robert Parker Jr.)发生过笔战。

跟着名酒评家的文章喝酒可以学到很多东西，虽然很多时候他们喝的酒不是我等无名之辈能够喝到的。有争论也好，既看了热闹又可偷师。

中文世界著名酒评家刘致新先生，在香港《酒经月刊》2005年4月号介绍过阿根廷酒庄"安第斯的台阶"的一支酒："Afincado Malbec"2002。酿酒葡萄来自位于海拔1067米的单一葡萄园，其树龄超过70岁，而且是未经嫁接的。与以前相比"质素实在好得太多了"，"是充满野心之作，准备问鼎阿根廷酒王地位"。

自己一直有喝此酒庄平价的一些出品，未能免俗，看了文章也就买了两支这酒回来。故意先不看他的论语，而写下自己的品评。

“颜色鲜红泛紫，黑加仑子、醋栗香突出，杂着酵母味有点类似豆浆；中层是金属、绿色胡椒、青涩的草梗味；不摇杯，可嗅出底层的甘草的香甜和南美烟草的香；凝神深嗅，竟有鲜肉的味道！怪哉，我像是野蛮人么？仅是闻已经感到酒精的辛辣，劲头十足；落口回旋，舌、两颊的刺激灼热而猛烈；令人意外的是回味非常短促，简直像心急的兔子一样，在口里的时候冲突腾挪，一入喉立刻消失得无影无踪，头也不回，毫无后韵可言。整体而言，这酒有结构但没层次，如高原上的平原；丹宁不突出，是不愠不火的老树性格；香味相对简单，后鼻腔气味倒是比较纯净。一小时后入口劲道减弱，甜味偏出，回韵增强了少许，香气涣散。”

刘致新：“它的香气成熟丰厚，带甜，但入口却又不算甜，有充足的丹宁，结构宏伟，果味和橡木味均衡，丰厚而典雅，层次复杂，收结悠长。是可以陈年 15—20 年的酒！”“难得的是，虽然全用新木，但酒入口的橡木味不浓，反映出葡萄果味十足，老树葡萄重要，又一明证。”

收结悠长？我感觉不到呢。

确实有人做过的好笑的事，就是拿着秒表来计算酒在口里留下回味的时间长度。这酒可不用，它的后味收结就是——兔子跑了，连尾巴尖都不闪一下呢。

察“颜”观色

古今中外喝酒皆从察颜观色、闻香品味入手，视觉、嗅觉、味觉、触觉，甚至听觉，然后感觉，调动感官对品尝到的滋味作一个定格。

白居易诗“樽里看无色，杯中动有光”恰好点出了对酒进行视觉品评的两个方面，那就是光和色：色有红橙黄绿，光有明暗清浊。

中国古代酿酒有清、浊之分，并以圣贤愚顽为酒定格，认为清圣、浊贤，那是由于酿制工艺的差异，用曲量、糖化酒化的过程、是否过滤等都是影响其清浊的因素。东坡说“酒勿嫌浊，人当取醇”，清和浊皆有好酒。后来蒸馏技术的发明、工艺的进步、人们口味的崇尚，“浊酒一杯家万里”已是过去时，于今以清酒为时宜。

对酒光即澄清度的观察主要集中在三点：一是光泽度，新鲜圆润、明亮晶莹或是失光沉闷、暗哑污褐，这已有上下之分、新旧之别；二是透明度，以清亮透明为佳，浑浊、有沉渣、浮物为下，而陈年的葡萄酒和中国黄酒等有沉渣却又属正常现象；三是泡沫度，啤酒、香槟类，以高度、持久、洁白、细腻、挂杯为上，低度、短暂、暗褐、不挂杯为下，其他酒类一般不应该出现泡沫。另外在摇杯的情况下，还需留意酒的流动性，程度不同能反映出酒体的稀薄与浓厚。

颜色方面，不同酒类都有其标志性的色泽，葡萄酒复杂一点。其种类繁多，分类繁复，最清晰的是以颜色将其分为红酒、白酒和玫瑰红酒。

“红、白、浅红，这简单。”您说。

是的，红酒以红色为基调，而有专家能细分出 16 种红色来；玫瑰葡萄酒也称桃红酒，是浅红色系，细分能再分出 13 种；白酒在水般澄清和琥珀、金、绿黄之间摇摆，最多我见人分出了 15 种颜色。

简单？如果你想，我可以为你罗列超过 30 个关于红色的名词来，指的都是红酒的颜色，还不包括形容词哦。

我只想随便喝一杯而已，你说，现在竟要先回去学做一个画家了？

子曰，色难。仅仅只是倒在杯中看，葡萄酒色彩深浅明暗的差异就已经显示出了比诸其他酒类更为复杂丰富的身世密码，其种类、产地、年份，甚至质量优劣、价格高低、口味的风格、陈年的潜质等等都会在颜色中有所宣示，而这也是葡萄酒更为迷人的其中一个原因吧。

本　色

观察葡萄酒的颜色要从两个方面来谈，第一个很直接，就是我们所能看到的杯中酒的颜色；第二，则是颜色与酒相对应的相关意义。

我们知道物体本身并没有固定的颜色，人是借助物体表面所反射的光和感觉器官的反应而获得色觉的，我们的眼睛只负责收集光线，看的动作是在脑部发生的。

这是非常奇妙的：无论什么人种，无论有着黑色、灰色还是蓝色的眼睛，我们对于所谓的红色、蓝色和乳黄，意见都相当一致。但是，要在色系渐层的变化中（往往只是些微的差距），对所看到的颜色据以形容、给予定义，并作出精准的辨识和一致的描述，却相当困难，人言人殊，差别巨大。

在专业的品酒词汇中，形容颜色的术语如下：

红酒

瓷砖红色、石榴红色、紫罗兰色、紫红色、红宝石色、樱桃红色、草莓红色、红牡丹色。或者：紫红、黑红、深红、鲜红、宝石红、暗红、瓦红、砖红、黄红、棕红等等。

白酒

绿黄色、淡黄色、浅黄色、稻草黄色、金黄色、绿金黄色、淡金色、黄金色、古金色、金色、琥珀色。或者：近似无色、绿禾秆黄色、禾秆黄色、暗黄色、金黄色、琥珀黄色、铅色、棕色等等。

玫瑰葡萄酒

鹧鸪眼色、鲑鱼红、粉红色、淡牡丹红、草莓红、玫瑰红、杏红色、橙红色、洋葱皮色。或者：黄玫瑰红、橙玫瑰红、玫瑰红、紫玫瑰红等等。

当然这只是在正常情况下的一般描述，葡萄酒的变量太多，因而并没有一套亘古不变的描述词藻。而且眼见为实却不一定就真，视觉还有盲点。

“色恶，不食”是明智的，但也会有颜色看着好像已经死掉了的酒，喝起来却令人惊讶地好；“色取仁而行违”的情况也时有发生，颜色看起来非常漂亮，喝起来却完全不是那么回事。

眼睛是最能够骗人的感觉器官，很多时候不妨勇敢一些，大胆地用口尝试。酒毕竟是用来喝的，最终还是需要通过鼻子和口来品尝鉴赏，发掘它更多的意涵、可能和多向性。了解了这些基础的知识，当你拿着一杯酒，该会增加更多的乐趣吧。当然，和任何事情一样，这一切都是相对而言的，只是借鉴，自己的经验、习惯和愉悦感更重要。

就是没有葡萄的味道

葡萄酒的一个最奇妙的地方是，从酒中可以闻得出其他很多东西的气味，甚至是毫不相干完全想象不到的一些东西的气味。

彼得·梅尔在其小说《一年好时光》中为葡萄酒爱好者如此画像："就这样，他一边品尝不同的酒，一边说出自己的感受。随着酒龄愈成熟，使用的词汇也愈来愈古怪。像是什么松露、紫丁香、干草、湿的皮革、受潮的毛毯、黄鼠狼、野兔的肚子、老地毯、复古袜子等等奇怪的形容词都出笼了。音乐也可能被拿来形容葡萄酒的味道，好比说某瓶酒就像是拉赫曼尼诺夫的第二号交响曲的最后乐章等。不过最让人感到好奇的是，在这么多形容词中，居然没提到酿成葡萄酒的最重要成分——葡萄的味道。或许对于这些葡萄酒爱好者来说，他们的词汇中，容不下这么基本，这么简单，这么浅显易懂的形容词吧。"

自己也常常奇怪，葡萄也喜欢吃，新鲜的、晒成干的，甚至蛋糕面包里面的也常常吃，那么，葡萄是一种什么样的味道？还真有这样的疑问：如果蒙住眼睛，然后拿着一串葡萄放在鼻子前面，不一定就闻得出来！很多酒评家或书都说，除了一种葡萄也就是麝香葡萄之外，其他种类的葡萄酿制的酒真的没有葡萄自己本身的味道。这并不奇怪，在自己的经验里这也确是事实。

但是曾经在一个朋友家，他那不喝酒也几乎从没接触过洋酒的太太，一闻我自己带的白兰地就说这是葡萄酒，因为有葡萄的味道！然后给她闻威士忌，说这个就没有葡萄的味道了。让人郁闷不已。

“在呼吸之间，我们闻到了气味。”“然而当我们试着描述某种气味时，言辞却像赝品般使人失望。”还好黛安·艾克曼在其《感官之旅》一书中为我解窘。

小徒珊珊倒是送过一支麝香葡萄酒，是著名的阿尔萨斯的出品，闻起来非常甜美，可是尝起来，味道就没有闻到的那么香甜了，更多的是土地的味道。

确然，这酒闻起来、尝起来就是带有所谓的葡萄味，优雅而又特别，就像用手捏碎一颗葡萄而散发出来的浓浓的鲜美清爽的香气，而更吸引人的是其恰到好处的苦味，让人感到轻微的喜悦，这又是赫曼·赫塞(Hermann Hesse)了。

葡萄酒的香气

品酒师们从不吝啬他们字典中储存的有关香气的词藻，打开一瓶酒，把鼻子伸进杯子，然后一种一种的水果、一束一束的花卉、一样一样的食品从他们的笔下排比而出。白葡萄酒会有柠檬、菠萝、苹果、绿色的草，甚至烤面包的香……红葡萄酒则有草莓、樱桃，甚或蘑菇、土壤、皮革、巧克力的香……

看了这样的酒评，很多人奇怪：葡萄酒真的是用葡萄酿造的么？还是加了其他东西？像有着很好听的中文名字的琼瑶浆，用的是法国阿尔萨斯著名的白葡萄品种，介绍给朋友喝的时候甚至都不需要提示，特别是女士们常常一下子就叫得出来："哦，荔枝味啊！"然后很疑惑："荔枝酒？"而一款为新西兰赢得名声的白葡萄酒，中文名称也是意味深长地叫做长相思，它的特色是广东人熟悉的番石榴的味道，"加进去酿的吧？"疑问当然被品酒师否定掉。

这就是葡萄酒的其中一个神奇之处，100％由新鲜葡萄榨汁发酵而成，完全不添加任何增香物质，但是打开瓶子、倒进杯中、散发出来的香气却有着千般的可能。

我们知道人类的嗅觉原理至今仍是未解之谜，一种气味能否被闻出来，要看具有挥发性的呈香分子是否被鼻孔内的嗅觉神经末梢捕捉到，然后借由神经冲动传送到脑内去感觉。

在葡萄酒中的确存在着真正的芳香物质，就是说，葡萄酒中真的含有水果或花的芳香物质，例如草莓、苹果，甚至玫瑰、葡萄，也要开花、也要结果，都在土地上生长，吸收的养分也相同，果肉、果皮中会含有相同的成分，只是转化的营养成分形态各异；酒的酿造过程会将这些物质特别是分子成分转化出来，我们能闻到其实就是对分子成分、分子形状、分子振动有所反应而已。例如香草的味道，则是因为经由橡木桶储存的酒吸收了香草醛。苹果的香，则是因为葡萄酒中确实有苹果酸等相似成分。

但是，嗅觉是很主观的。有过这样的实验，同一种东西不同的人闻会得到完全不同的印象。因此，在描述葡萄酒的香气时必须具备更多的包容力。

品酒师，特别是初学者常犯的毛病是：把一种酒所有可能散发出来的气味列表，一有机会就一字不漏地背诵出来。

这里需要把握一个葡萄酒领域的原则：对香味的描述应该是愈稀少愈好！

味　道

中国饮食自古崇尚“酸甜苦辣咸，五味调和；色香味形器，五感俱生”。按照古代中国的物质观，木生酸、火生苦、土生甘、金生辛、水生咸：酸苦甘辛咸，称为五味。五行之气化生五味，指示着口感、味觉。智慧其实来自生活的经验，所谓五味也是根据实物的滋味总结出来的，因此醋、酒、饴蜜、姜、盐，便是就物质而言的五味。

和很多事情一样，古老的智慧需要现代科学的修正，现代味觉是根据人类舌头上的味觉感受器即味蕾的味受体和味道的对应来定义的。味蕾中的不同受体对不同的味道的感知具有特异性，如甜味受体只接受甜味配体，当受体与相应的配体结合后，便产生了兴奋性冲动，此冲动通过神经传入中枢神经，于是人便会感受到不同性质的味道。现代五味指的是酸甜苦咸鲜，是为基本味。而饮食中其他丰富的味觉体验都是由这几种基本味觉相互作用、影响、调和而产生的。而辣并不是一种味道，在酒中，辣是一种对舌、咽喉、口腔产生的刺激。

就《说文解字》的角度，中国人的酸甜咸甚至辣皆是从酒中品出来的。饮食的美味全在于五味的调和，菜肴的好吃与酒之好喝皆如此。

辨别酒的好坏，色香固然是不可或缺的因素，而“味”在酒的品尝当中尤为重要。东坡说酒的好坏“以舌为权衡也”，是为至理名言。酒一入口，不要急着下咽，先要含在口中十余秒，用舌把酒缓缓搅动，让舌适应，用整个口腔来感觉，不但舌面，舌底下部也是味觉的敏感地带。在口里，这数种味觉不是同时呈现的，而味蕾对这数种味觉的反应也快慢有致。

在欧洲特别是法国，葡萄酒酿造和饮用的历史悠久，约定俗成的复杂而又严格管控的生产制度，一直是美味葡萄酒的指标。其酒以婉约、精致为风格，讲究的是味道的典雅、均衡，酒中色香味各要素以调和、不出头为上。而新兴产区如美国、澳大利亚、智利、阿根廷等，地大物博、气候多类型、多形态，任何品种的葡萄都能找到良好的生长土地。其酿酒师们既秉承欧洲传统的酿酒方法，又能撇掉传统的包袱，运用高科技、新工艺，大胆尝试，勇于酿造新风格、新口味、多样化而异乎寻常的葡萄酒。酸甜苦咸鲜甚至辣置于葡萄酒中，便有了更丰富多彩、婀娜多姿的风情。

茶杯中的太阳味

喝普洱茶的人会很乐意告诉你喝茶的步骤，先观汤色，再闻其香，后品滋味，有条不紊，如礼如仪。其香也颇神奇，有枣香、米香、樟香，好的普洱还有兰香、陈香、人参香，甚至太阳的味道。

我是北方人，自小喝的是茉莉花茶，来南方后环境使然，饮食习惯不得不慢慢向广东人的喝茶吃点心靠拢。一开始仍坚持喝茉莉花茶，这边称其为香片，然后用一年的时间接纳了铁观音，却总喜欢不了寿眉，用了三年时间才开始喝普洱。从广式茶楼免费的普洱，或香港星级酒店中菜厅收二十五元一人茶位的普洱，到据说要数万元一饼的陈年普洱皆喝过，一向也没觉得普洱茶有多大学问在内。

后来勇红兄介绍了几位茶专家，看他们泡茶、讲茶，和他们一起喝茶，确实获益良多。品酒与品茶原是相通，而在辨别茶中香气的时候自己也曾震撼过他们。那次喝的是陈年大叶普洱，极好，让我感受到普洱茶的香气和葡萄酒一样都是复杂多变的。每一泡都不尽相同，从最初几泡的枣香、米汤的香之后，又作一变。专家问我：此是何香？在座皆茶中高手，不能言却又不得不言。我快速转动脑子里存下的酒中香气轮盘，却找不到对应。略一沉吟，还是在茶中寻吧。端起杯来轻嗅茶面，喝下去，然后深闻空杯，缓缓抬头："怎么说呢，有一种太阳的味道，就像……"话还没有说完，满座惊讶。"又说不懂茶？怎么一下子就喝出了普洱茶的太阳味呢！""可不，我喝了这么多年茶，听人说的多，自己却从没有闻出来过！""是，好的普洱茶是会有太阳味。"

没有那么严重吧？难道"太阳的味道"是普洱茶的密码？我想。其实是乡下长大的孩子啊，谁没收过春天过去夏季来临那几天妈妈晒的被子呢，在那杯茶底里，我只是找到了小时候的鼻子而已。

中国茶的传统工艺中有一道晒青的工序，将鲜叶经过锅炒杀青、揉捻以后，在日光下晒干。由于太阳晒的温度较低，所需时间要长一些，能较多地保留鲜叶中的天然物质，制成的茶滋味浓厚，且带有一股日晒特有的味道，喜欢的人谓之"太阳味"。这种经过日晒完成干燥工序而衍生出来的味道不好理解，因为成品茶如果经过直接的光线照射，也会将太阳的味道带进茶中，只不过这种情况下，阳光会破坏茶叶中的内含物质而使其产生劣变，此时的味道称之为"日光臭"。

诗意

酒恶时拈花

品酒要尽量公平公正，不过常常遇到的经验是：喝进嘴里是一回事，到了肚子里往往又是另外一回事。有时候观、闻、品都不错，可醉中的感觉却异常恶劣。

前几天四人一起喝了三支红酒，分别来自智利、阿根廷、澳大利亚。评语澳大利亚最好，另两支却见仁见智，后来是不喝酒的另一人插言阿根廷的好，闻闻很香。一言而决。

那晚自己的酒并无过量，恰是“酒恶时拈花蕊嗅”的那种微醉。回家后却辗转难眠，一夜没能睡好。感觉着东坡诗中所言“恶酒如恶人，相攻剧刀箭”的状况，早上起来叹一句：三支都不是好东西啊！真是酒恶才知恶酒。

当晚的酒无论价钱还是级数，阿根廷的那支都高过智利的那支，我却觉得智利的更好。酒香而言，阿根廷确实优胜，但是入口酒体干涩，即使最后阶段它的丹宁依然生硬，倔得跟骡子似的。

此酒来自市场所称许的南半球四大酒庄之一 Terrazas de Los Andes"安第斯的台阶"，由法国驰名香槟庄 Moet & Chandon 经营超过四十年，属酩悦轩尼诗葡萄酒集团旗下。其最高级的出品"Afincado Malbec"有逐鹿全球第五大产酒国阿根廷的酒王之心。

我喝的是它稍次典藏级的出品：Terrazas Reserva Malbec 1999 年，200 元之下。

喝过很多次，但这次差得让我吃惊。一找才发觉 1999 年的那支已经是自己最后的一支了，于是开了最新的 2003 年的想再试试。

倒一杯，颜色一向的深沉。闻，怎么跟洗脚水似的？喝，丹宁强横，口中直接就感觉到它的苦。是昨晚的坏印象在作祟？漱口，回来，苦味非常清晰。给它机会，我想。半小时的呼吸仍不足够，四十五分钟丹宁柔顺了些，苦味消失。气味却让我困惑……是一种似曾相识的感觉。一个小时之后，忽然惊醒：那是 Lafite 的典型香味啊，是杉木、铅笔芯的香！慢慢地，香气更加纯粹，桑葚、红莓的甜开始明显，杉木、铅笔芯的香更接近 Château Lynch-Bages。真是奇妙！

葡萄酒是真的需要慢慢喝，它的味道才会逐渐散发，你才能一步一步地感受并捕捉到它慢慢绽放的魅力啊。

空瓶留香，甜甜的香草味浓郁，明显橡木桶的培养比 1999 年进步了。

虽然饿了，却不想去吃什么，喝了好酒整个身体的感觉十分微妙，那种满足感可以压倒空腹的饥饿感。

真的是有野心的一支酒啊，要买它最高级的 Afincado 来试了，我想。

【注】宋赵令畤《侯鲭录》："金陵人谓中酒曰酒恶。则知李后主词云'酒恶时拈花蕊嗅'用乡人语也。"酒恶：将醉的时候。喝酒微醉。

破帽多情

20:00 开瓶，木塞上端已经发霉，将酒刀螺旋部分钻进瓶塞，非常松软，最大限度地旋转进去，慢慢拔起，那力度感觉要糟糕，拔到一半，果然有些偏差，更加小心，但是拔出三分之二的时候终于还是断掉了。老酒的软木塞就是如此脆弱。

试着继续用螺旋的部分钻，结果它一块一块地破碎，然后是“嘭”的一声，好像相依为命多少年的老夫妻决不轻易分开一般，一股来自酒的拉力将剩下的五分之一拉了下去，破帽多情却恋头，酒和酒塞恢复亲密无间。

没想到自己会失手，怎么办？算了，既然不想出来就留你在瓶子里面吧，找了一支塑料饮管插进去，隔开那段木塞，将酒倒进醒酒瓶。

见着酒液流出，那颜色让我大吃一惊，浅浅的有些黯乌。糟糕，这不成青州从事变了乌有先生？

三心二意地取过杯子，慢慢倒着。开始的时候棕红泛黄，酒量渐多后又好看了些，倾杯再看，茶色的边缘是老化的迹象，但仍然有着石榴红的核心；闻，有沉闷的气味，像酵母或者豆浆，好听一点就是烤面包的味道；倒进嘴里，失去了一些活力，但是丹宁成熟得很好，且感到她有一个内聚的平衡；咽下去，上腭很快出现一阵酥麻的快感，回味是黑胡椒的辛辣，收结悠长。

半小时后，不摇杯，覆盆子、红色浆果的香味突出；摇杯后，雪茄盒、烟熏的味道纯粹，偶尔皮革、潮湿土地的味道也飘过鼻端；口感强而有力，协调、优雅，而且变得复杂，收结是顺利的降落。

——非常奇怪，马上就察觉自己怎会用“降落”这个词。然后释然，原来美国“发现号”航天飞机当天回航，潜意识里的祝福吧，希望航天员安全回家。

两小时后，酒在杯里更加集中，记忆中她典型的香味和口感正逐步地形成或者说呈现，一步一步地正在回来的那种感觉。轻柔的烤榛子、牛油烤面包的香味飘过，然后是甘草的甜、香草的美、玫瑰的干净、龙涎香的性感、香子兰的摄魂移魄……我一向信奉对葡萄酒中香味的描述以愈稀少愈好为原则，但这是玛歌堡啊，就好像葡萄酒的香味字典一般，她就是有着如此丰富的醇香，鼻子根本无法拒绝。

Château Margaux 1981，绝对是优秀而华丽的一支酒啊。

在你的舌上起舞：Château Latour 1997

第一次喝拉图乃 1990 年份的半瓶装，看以前的笔记，自己只写下四个字：大气磅礴。

从一滴水看到整个海洋，喝拉图的时候我相信这句话，即便杯中只数滴也能闻出气派来，真诗品中之劲健者也。

好友夫妇约宵夜，许久没见，也许久未一起喝好酒了，开酒柜选了支 Château Latour 1997。宝石红的颜色，边缘不见一丝代表老化的棕红迹象。挂杯漂亮，香气氤氲，细微地品味可感受出咖啡、巧克力以及黑醋栗的香，在杯中久了一点烟熏味悠悠地散发，都不明晰，果味的香和橡木桶影响的香融合得很好，已由年轻的果香进入成熟香的阶段，香气的变化不复杂但紧凑，老酒的香刚刚露头而已。第一杯酒体稍轻，但入口可感觉酒质由内至外的那种力度，入喉进肚，由上而下，由内而外，所有的感官无一丝抗拒，身体的姿态完全放开来接受和欢迎，后韵舒泰。

谈起从前一起喝过的酒，他感慨："不懂酒的时候我们喝了太多的好酒。""没喝过那么多的好酒又怎么会懂酒呢。"我回答。他是自玛歌入门，我则是拉菲。话题一转问我要不要跳槽到他现在的公司，心中不禁暗笑了。说起来我和他太太还认识在先，我们是同一天到一家公司上班的，他则后来，相识之初就发现他是一个做同事甚难相处的人。那时候我们各领一班人，每次宵夜几乎都是从啤酒、葡萄酒、黄酒、中外烈酒，然后再喝回啤酒，结果当然不会善罢，每每一醉才会干休。他待人没什么，但是工作严格，而我与人谨慎，做事则随宜。于是他讨厌亲近我的人，我也不睬他身边的人，年轻气盛，一起喝酒难免如同两军相遇要分个高下了。但是，喝下来发现两人旗鼓相当，别人都醉了，我们仍然能够坚持清醒。结果，只是因为对备受忽略的白葡萄酒有着一致的见解，竟言谈甚欢，开始做了朋友，直到如今。

他举杯过来："这酒仍需要陈年，现在喝太早，可惜了。""不同阶段有不同的表现，不同阶段也有不同的领悟。"我说。

喝下去Body越来越浓厚，丹宁细致，表现在上腭和舌上如轻沙走马路无尘，既干净利落又有质感。它是这一年来Château d'Yquem之后第二支引发我味蕾活跃兴奋跳动的酒，毕竟是拉图啊。

加杯情浓

星巴克像星布天空一样到处霸占着客人，街上喝咖啡的人还真的多起来了。

如果你承受得了人声的嘈杂，并享受邻座的偷窥，那么你一定试过很多次站在它的柜台前仰望那一方咖啡 Menu，排最前的那行字是：Espresso。

当然，你知道这是意大利浓缩咖啡的意思，小小杯，很苦，加班的日子你会喝一杯提神。现在么，除下了墨镜，这可是一个阳光很好的下午，你要喝的是 Cappuccino。

几乎所有的咖啡都会有一个好听的中文名字，除了 Espresso。少数的店会将其译作"意式浓缩"或"经典浓缩"，而更多的并不作任何的翻译，因为她是意式咖啡的灵魂吧。就好像看到令人心跳的美女，我们会把她比作西施，但想起西施却绝不会把她比作任何人：她就是美丽本身。

正是因为极致的关系，最常被人点到的反而不是她，而是Cappuccino。

Cappuccino的中文名字可就多了，正像其呈现的面目，风情万种：卡布奇诺、卡布其诺、卡普基诺、卡普尔诺，而让人称赞的是台北一家咖啡馆将她改为：加倍情浓。

音义俱佳最精彩的一个演绎，却来自我香港的几个朋友到台北的故事。

却说去年的秋，他们到台北“吃喝玩乐”——没有任何褒贬，不过将旅行团广而告之的字眼抄来用用而已。

台北的咖啡馆可是很出名啊，有人说。试试去？于是，就去试试了。

深圳、香港、台北、上海等地有一个相同点，就是基本上都属于生活、工作中需要操三种语言的城市。可惜如我还有我的这几个朋友，却是那种虽然生存在三语之城，但三语皆不精通之辈。坐下来叫一杯咖啡，便和杉菜小姐发生了有趣的对话。

请问你们这里哪种咖啡最出名？

搞不清楚。

请问你们这里哪种咖啡最好喝？

搞不清楚。

请问你们这里哪种咖啡最多人叫？

搞不清楚。

回头：她说什么？搞不清楚？

人家不是说“搞不清楚”，而是说 Cappuccino！笨蛋！

哦，不好意思，那就来一杯“搞不清楚”吧。

如果自己开一家咖啡馆，Cappuccino 我会译作：加杯情浓。

加倍者，既然一杯已经有了倍数的享受，谁还会叫第二杯？

加杯么，那必然需要先叫一杯这个或者其他的什么，然后再加一杯。

呵呵，想做小生意者如我才会有此奢望吧，只是不知道有谁真的需要浓情的安慰？

翡冷翠的残红

正开车收到短信，一串的意大利文字之后接“如何”二字。意大利文不懂，但是其中一个单词认识，Chianti，奇扬第，意大利一个著名的产酒区，被称为酒神眷顾的神奇土地。知道这是在问我这酒如何。

红灯，于是回复曰：“还好。”

一会儿：“葡萄品种？”

答：“应该是 Sangiovese。”

问：“百分百么？”

再答：“有可能，或许也加了点别的。很不错的葡萄哦，酿出的也是很不错的酒。”

过一阵：“感觉有点像美乐，2003 年的酒喝着口感挺年轻的，丹宁柔滑。”

又红灯：“唉，我戒酒了么？现在每个人都用文字请我喝酒，而不用杯了！真是的！”

女孩大笑：“哈哈哈！这叫意念式品酒！”

不意念行么？她在北京，我在深圳。

感觉有点像美乐？那应该是新派奇扬第了。奇扬第的酒很好认，酒瓶颈部会贴有一只黑公鸡的图案。

历史上，佛罗伦萨与西恩那两个城邦是宿敌，而奇扬第正处在两城之间，是两军必争之地。13世纪初，双方都对争夺奇扬第的长年战争感到厌倦，于是约定在清晨鸡鸣时双方的骑士同时出发，以相遇之处为国界。

佛罗伦萨一方施了诡计，将一只黑公鸡饿了几天，结果天还没亮鸡就饿醒啼鸣，骑士们因此提早出发，佛罗伦萨得以占有大部分奇扬第的土地。或许这只是一个传说，但是黑公鸡从此成为奇扬第的图腾，从1924年开始又成为奇扬第葡萄酒质量保证的象征。

奇扬第最著名的葡萄品种则是Sangiovese，也是意大利最典型、栽培最多的红葡萄品种。翻译成桑娇维赛，很女性化的名字，翻译成山久唯雷，刚强又如男性，正象征着这种酿酒葡萄的多面性和流行与传统的不同风格。它的香气独特而迷人，异国的香料味中带有肉桂、黑胡椒和黑樱桃的气息，以及春雨后新犁开的泥土的芬芳。

而佛罗伦萨Firenze，大家也知道它的另一个译名是：翡冷翠。

你真的走了，明天？那我，那我，……

你也不用管，迟早有那一天；

你愿意记着我，就记着我，

要不然趁早忘了这世界上

有我，省得想起时空着恼，

只当是一个梦，一个幻想；

只当是前天我们见的残红，

怯怜怜的在风前抖擞，一瓣，

两瓣，落地，叫人踩，变泥……

不愧是徐志摩啊，这《翡冷翠的一夜》正可用来配这一款奇扬第的葡萄酒了。

在冬夜一个旅人

朋友喝多了，只好留下来陪他，陪我的则是最后的一杯红酒，来自波尔多圣朱利安的 château gloria 1983。

格丽雅，是一个非常特别的酒庄，在 1855 年波尔多梅多克分级榜上没有它的名字，因为那时候它还不存在。酒庄的主人一度为圣朱利安市市长，他在 1942 年收购了 6 公顷的葡萄园，然后陆续购买周围的土地而至今天的规模。圣朱利安没有一级酒庄，二级却有五家，几乎每一家都有土地被格丽雅兼并进去，所以，虽然其生也晚，但是榜内招贤更让人不敢轻视它的名声和品质。这也是我很喜欢的一款酒，那天在酒商处见到很多老酒，不少都是孤瓶，唯格丽雅有两个年份成双成对，1981 年和 1983 年，忍不住就帮一个朋友买下了。因为他让我给他找一些老酒，说要请朋友们喝，结果就把自己给喝倒了。“酒要喝透”是稀少的名言，最后透的是真透了、醉的也真醉了，寒夜里唯剩下自己读了一夜的《马歇尔传》，从 1943 年读到

1945年，又从1945年读到1959年。

酒是通透的铅红，映着恍惚的灯光；散发着动物皮毛、烟丝、来自橡木的香草的香，没有一丝老酒的沉闷气息，非常怡人的香，很舒服的感觉；中度Body，口感轻、绵，柔软，有着精致的结构，配合冬夜里凉爽的入口感，很冷静沉着的一款酒。在口中留下的感觉仍有一些涩，也有一点苦，丹宁仍没有完全转化，余韵袅袅，启人心思。和手中的书倒有些相配了，二次世界大战及战后那种大时代的波澜壮阔转瞬间亦不过剩作纸上的烟云，在寒夜的这一杯酒中云卷云舒。

打开门吹一下冷风，手插进口袋，探出纸片一张，凑近灯光，原来是日前和夏双刃兄吃饭，席间他向服务员借得餐纸，在背面书下新得律诗一首，题为“新年夜重到此间不见故人有感”。诗曰：

夜寒分尽残年酒，

春望全无往日花。

雅筑重来人不见，

朱弦尚在死何嗟。

谁将梅树和魂种，

换得诗媛咏絮夸。

愿作征鸿君射我，

长风白雪影斜斜。

夏兄亦可人矣，年轻而写旧诗，在如此凉夜读来竟生感触。拿出手机，写道：在这样一个冬夜，一个旅人，喝着一款口感极冷静的老酒，我说此酒冷静，并没有把它与孤独联系在一起，结果却是我一个人度过孤独的凉夜，适读兄诗，爱征鸿句，但更一字——“厌作征鸿君射我”，如何？

“欲遣佳人寄锦字，夜寒手冷无人呵。”短信最终被我给删除了，那么晚发出了就真的是讨人厌了。还是继续读我的《马歇尔传》吧。一个人睡着，一个人读着，一个人活了。

旧茶壶

在葡萄酒世界曾有过一句流言:“来一杯白葡萄酒,ABC。”用英文说就是:“A glass of white wine,ABC。”ABC 者,说的是“什么都行除了霞多丽”,即“Anything But Chardonnay”。

这并不奇怪,因为霞多丽在另一些人口中是被称作“白酒之王”或“酒中之后”的,于美国或者欧洲一直都是消费最多的白葡萄酒。它适应性非常强,可普遍种植,不难照顾,产量大,酿出的酒很好入口,顶级酒多,无论从产量还是从质量上都稳居白葡萄品种的首位,不过,可以想见,质量也就良莠不齐了。

其实我也是个蛮挑剔的人,并非逢酒必喝,不过却没有参加霞多丽抵抗运动的 ABC 俱乐部,当然亦非霞多丽的臣民。所以当小友 Kobe 携美来饮,留下半瓶霞多丽而去之后,我便倒一杯给自己,他是“少年饮红裙”,而我年纪大了“能为无事饮”。

新西兰真的是白葡萄酒的天堂。长相思这些年出尽风头,而更具可塑性与多变性的霞多丽也是各自精彩，正在逐渐形成清晰的风格。这一款叫做“卡德瓦拉德瑞弗赛德”的霞多丽，名字虽然有些拗口，却也称得上物美价廉呢。烟台香蕉苹果般的色泽，也是香蕉苹果般的清香，还有无花果、香草雪糕的香气，橡木给予的温和，不甜、没有酸度，酒精感也不突出，口感滑润、简单，没有微妙，是一款静态、柔软、不活泼的酒。愉悦度还好，舌下生津，酒精的存在感在余味中出现。适合配西式沙拉、各种海鲜，甚或中式的牛肉、鸡肉以及其他白色的肉，当然无客有酒、有酒无肴的夜晚一个人喝也不错。

半夜回家一进门:“又喝酒了?!”

堆起笑脸赶忙解释:“朋友带酒来试，我就倒了一杯。”

“哼！别以为瞒得了我，我鼻子很灵敏的，即使你喝一点酒我也闻得出来!”

“瞒你？哪敢呢！不过话说回来，你的鼻子比我还厉害啊，我真的就喝了一杯，大部分还都吐掉了，这也给你闻出来了?”

“你知不知道你就像一把旧茶壶。壶用旧了有茶垢，用热水泡一下倒出来都有茶味。这么多年你喝的那么多酒都像茶垢一样留在你体内了，现在即使喝一点就会勾起你浑身的酒味来!”东坡也不过自嘲“此身何异贮酒瓶，满辄予人空自倒”，没想到此身竟然还可以是一把茶壶，而且是旧的！人说有茶垢的更值钱哦，是不?

罗马尼·康帝

有一天在网站看到一篇美女作家的访问，其中一句话让我大吃一惊。关于爱情，她说道："如果我不爱他就是亿万富翁我也不嫁，如果我爱他就算百万富翁我也嫁。"

哎呀呀，在我还年轻的时候也听到过类似的话呢，不过那时候人们说的是：如果不爱他即使万元户我也不嫁，如果我爱他就算穷光蛋我也嫁。

什么时候起百万富翁竟也在某一类人的眼中等同于穷光蛋了？这难道就是那个叫做什么的膨胀么？哈哈，那像我们这样的只能够在"工"字上敲敲打打的人呢，该如何自处？

嗯嗯，我知道了，她的东西一定不是写给我们看的，嘿嘿，等到自己成了百万富翁的时候再读她的文章吧。

的确，这也许是一个疯狂的年代，但却无须也要做一个疯狂的人吧。于是抬手 CLOSE 掉了她的链接。

然后那天一个客人打电话来让我给他找一支 Romanee-Conti 送人。这又是一个百万富翁 VS 亿万富翁的问题了。最有名的酒评家罗伯特·帕克说罗马尼·康帝是“百万富翁能买的酒,但却是亿万富翁能喝的酒”。虽然我怀疑帕克是否真的说过,不过这种评价倒并非夸张。

买罗马尼·康帝是一回事,买得起罗马尼·康帝是另外一回事;送罗马尼·康帝是一回事,收得起罗马尼·康帝是另外一回事;喝罗马尼·康帝是一回事,喝得下罗马尼·康帝是另外一回事。

无数次在无数与酒有关的场合被人问到:“你喝过罗马尼·康帝么?”“哦,没有。”这样回答之后,我总是想要不要作出一副很抱歉的样子来。“哦,我也没有。”然后彼此的距离感竟拉近了许多。

有时候想想自己喜欢的东西、喜欢的人,拿书来说吧,《三国》中刘关张是绝对的主角,我更喜欢赵云;政治人物敬仰恩来,大家都知道他甘做二把手、三把手,绝对不做第一;二战中美国最牛的四位将军将星加起来是十九颗,欠了一颗星的巴顿是我的最爱;喜爱的 NBA 球队是乔丹的芝加哥公牛,喜欢的球星却是他的兄弟皮蓬,他让我想起高中时一位要好的同学。

东坡说:“脚力尽时山更好,莫将有限趁无穷。”你在这边、他在那边,站在康帝的田边感觉更强烈的是一道边界,对葡萄酒而言罗马尼·康帝就是这么一回事,它是那种只缘身在最高层的存在。就让“浮云遮望眼”吧,有些东西亲近不得。

既有花香何问酒

真正懂酒的人往往在小节就看得出来。有些人说爱酒却不懂酒，有些人懂酒却并不爱酒，喝不喝酒和能不能喝酒则是另外的事。

尝见刘老师劝酒，有美不饮，刘老师曰："这是很好的茅台，有黑玫瑰的香。"

此真懂酒者言矣，不但是文化上懂、欣赏上懂，技术上亦懂——酒的酿造技术和酒的品尝技术。

"真的假的？茅台会有玫瑰的香？怎么会！"

中国白酒分为7个香型，而其中浓、酱、清、米香型是基本香型，它们独立存在于各种白酒香型之中，相互借鉴、融会、兼合而衍生出其他的香型来。其中浓香型、清香型、米香型以及凤香型已确立了国家标准，而酱香型的茅台酒确定的是原产地域国家标准，如同法国那些最著名的葡萄酒一样，产区和地域的微环境成为此酒有别于其他酒而独一无二的最后的条件。

早在20世纪60年代初，国家便设立工艺试点，研究和总结几大白酒的香型。因原料和工艺的不同，酒中的呈香物质和呈味物质便也不尽相同，香味特征就不一样。白酒的呈香物质主要来源于酒中酸类和类酯，其中已酸乙酯便具有菠萝的香，而乙酸乙酯呈现的则是玫瑰的香味。特别是浓香型的白酒，由于已酸乙酯是窖底香酒的主要成分，所以菠萝和玫瑰的香是浓香型白酒最具特征的香气。

于刘老师座中，我就曾经在一瓶1992年的五粮液和也是旧藏的浓香型河南张弓酒里体会到这两种经典的香气。

较之其他香型酒，茅台酒的香气成分更为复杂，一种酒却涵盖了酱香型、醇甜型、窖底香型三大类别，表现出来的香气变化也更为兼容。

或曰："刘老师拿这么好的酒出来，他只喝一杯，剩下的都给我们糟蹋了，他会心痛啊。"此亦不懂酒者。

饮酒至少，常以把盏为乐的东坡尝有《书东皋子传后》："予饮酒终日，不过五合，天下之不能饮，无在予下者。然喜人饮酒，见客举杯徐引，则予胸中为之浩浩焉、落落焉，酣适之味乃过于客。闲居未尝一日无客，客至未尝不置酒，天下之好饮，亦无在予上者。常以谓人之至乐，莫若身无病而心无忧。我则无是二者矣。然人之有是者，接于予前，则予安得全其乐乎？故所至，常蓄善药，有求者则与之，而尤喜酿酒以饮客。或曰：'子无病而多蓄药，不饮而多酿酒，劳己以为人，何也？'予笑曰：'病者得药，吾为之体轻，饮者困于酒，吾为之酣适，盖专以自为也。’”

藏酒以饮客，困饮者于酒，而自为之酣适，甚至酣适之味乃过于客，此种张公饮酒李公醉的境界恐仅有东坡与刘老师古今成双，天下之好饮者，无有在其上者，此真懂酒者也。

“要闻玫瑰的香？我直接去闻玫瑰啊，何必饮酒！”“君仍未得酒中之趣耳。”

一树梨花压海棠

“这不是东坡的诗么？老牛吃嫩草的意思呀。”看了我的文章同同如是说。我文中所用也被引来反驳：“‘一树梨花压海棠’之讥？呵呵。我反倒觉得当时应是无限的艳羡呢，还夹着点酸。都是出自男人的口嘛。”

苏东坡的朋友张先八十岁的时候娶了一个十八岁的女孩为妾，得意地赋了一诗：“我年八十卿十八，卿是红颜我白发。与卿颠倒本同庚，只隔中间一花甲。”东坡也作一诗调侃道：“十八新娘八十郎，苍苍白发对红妆。鸳鸯被里成双夜，一树梨花压海棠。”

确有此一说，但是，却完全是臆造啊！

《石林诗话》云：“张先郎中，能为诗及乐府，至老不衰……年已八十余，视听尚精强，家犹蓄声妓。子瞻尝赠以诗云：‘诗人老去莺莺在，公子归来燕燕忙。’盖全用张氏故事戏之。先和云：‘愁似鳏鱼知夜永，懒同蝴蝶为春忙。’极为子瞻所赏。”东坡诗题：“张子野年八十五，尚闻买妾，述古令作诗。”

东坡尝有《题张子野诗集后》：“子野诗笔老妙，歌词乃其余波耳。湖州西溪诗云：‘浮萍破处见山影，小艇归时闻草声。’又和余诗云：‘愁似鳏鱼知夜永，懒同蝴蝶为春忙。’若此之类，皆可以追配古人，而世俗但称其歌词。昔周昉画人物，皆入神品，而世俗但知有周昉士女，盖所谓‘未见好德如好色’者欤?”

《能改斋漫录》言：“张子野与柳耆卿齐名，而时以子野不及耆卿，然子野韵高，是耆卿所乏处。”与柳永齐名必精通音律，桃杏犹解嫁东风，填词更须得歌女吟唱，张先85岁买妾是事实，蓄声妓耳，东坡作诗调侃也是事实，但不至于出“梨花压海棠”之句，张之和诗明明白白。

流言之所从出？曾在某书所收春宫图见题此典故，好在吾非色香味居主人登徒子兄，所藏此类书不多，很容易找出。图取自清朝中叶绢本书画，左侧洒金宣有白沙卧芸山人的题诗：“池边交颈绣鸳鸯，一样温柔一样香，满树梨花头已白，海棠低压不胜芳。”旁注云：“雅宜山人送文待诏纳宠诗有‘满树梨花压海棠’之句，至今脍炙人口，余仿其意韵之，不免有出语雷同之诮。”文待诏即文徵明；雅宜山人者，王宠之号也，字履吉，吴县人，与文徵明、祝允明并称“吴门三家”。

《尧山堂外纪》载：“王雅宜《嘲六十再娶》诗云：‘六十作新郎，残花入洞房。聚犹秋燕子，健亦病鸳鸯。戏水全无力，衔泥不上梁。

空烦神女意，为雨傍高唐。'(浙人有嘲年六十三娶十六岁女为继室者云：'二八佳人七九郎，婚姻何故不相当？红绡帐里求欢处，一朵梨花压海棠。')"

则"梨花海棠"之句又非雅宜山人所作了。

清朝刘廷玑《在园杂志》："春日按部淮北，过宿迁民家，茅舍土阶，花木参差，径颇幽僻，主人叶姓，由博士弟子员而入太学者，人亦不俗。小园梨花最胜，纷纭如雪，其下西府海棠一株，红艳绝伦。因忆老人纳妾一绝：'二八佳人七九郎，萧萧白发伴红妆。扶鸠笑入鸳帏里，一树梨花压海棠。'不禁为之失笑。"

如此说来，"一树梨花压海棠"实乃民间流传，是对"老牛吃嫩草"的委婉调侃的说法，只因苏轼、张先二人名气太大，又确有买妾、作诗之举，才会让后人附会了。

洛丽塔

"'一树梨花压海棠'原来不是苏轼的诗句?""当然不是了!"

"但是对于由《Lolita》这部小说改编的电影而言,它却是极贴切的译名。""同意。"

"拿酒来形容你会用什么酒呢?""形容什么? 这句诗? 这部电影?"

"形容——'一树梨花压海棠'啊,呵呵!""是个难题啊,有人说每个老人心中都有一个洛丽塔,我还不够老哦!"

"洛丽塔,我生命之光,欲念之火。我的罪恶,我的灵魂。洛—丽—塔:舌尖向上,分三步,从上腭、往下、轻轻落在牙齿上。洛、丽、塔。——你不觉得就这小说的内容而言,这是一个近乎完美的开篇么?""这样啊,的确有滋有味呐,有点像品酒时候的口舌动作。"

"把洛丽塔换成酒的名字?""嗯,我想也只有德国摩塞尔河谷的雷司令才足以当之。哇,绝对会是完美的形容!"

舌尖向上，分三步，从上腭、往下、轻轻落在牙齿上。洛、丽、塔。——念着如此淋漓的内心独白，不去想那个中年男人与未成年少女的畸形情爱，只是做着这个动作，竟忍不住舌下生津，让我想手持一杯摩塞尔名园、路森博士酒庄、芳芳奢华的晚摘精选甜白葡萄酒了，舌尖向上，分三步，从上腭、往下、轻轻落在牙齿上，体味摩塞尔雷司令那极致的酸甜关系。年轻时候是淡黄带着绿的色调，强烈的香，细心地嗅闻可以觉察出苹果、橙皮、柠檬和玫瑰的气息；酒体是楚腰纤细掌中轻，甜的铺垫之后，酸度尖锐爽快，像轻咂了梨核般一直在唇齿之间逗留逗人。如经陈年，颜色转向金黄的色泽，蜂蜜味道突出；入口冰凉的感觉之后，紧跟着是舌面一阵酥麻的快感，瞬间而来仿佛遭受电击般的震撼，甜的感觉仅舌下逗起，酒体丰腴圆润，滑过喉咙落到肚下，酸的感觉才疾如奔兔般地自舌的两翼闪过，巧妙的酸甜均衡支撑起整个架构，丰姿卓然。

“那诗真的不是苏轼写的？”“这词才是，听好。《减字木兰花·赠小鬟琵琶》：琵琶绝艺，年纪都来才十二；拨弄么弦，未解将心指下传。主人瞋小，欲向春风先醉倒；已属君家，且更从容等待他。”

东坡这是在为少女说情，劝主人不要太早糟蹋她，要从容等待，给她成长的机会。不是每个老人心中都有一个洛丽塔啊，“一树梨花压海棠”，岂公之雅趣也哉！

葡萄酒的哲学

喜　欢

品酒课上有女孩子向身边的人发问:“什么样的酒才是好酒?”

路过听到因而插言说:“你喜欢的酒就是好酒。”

女孩子大悦:“是呀,就是这样!我就说么,喜欢的酒才是好酒!”

“其实分三个阶段啦,当你初入门,面对那么多的葡萄酒,不同的品种、不同的产区、不同的等级,不知道该如何选择,这时候什么样的酒才是好酒?当然是你喜欢的才是好酒。然后中级阶段,等你喝到足够多啦,试过各式各样不同的葡萄酒之后,你发现原来好酒也是有一个标准的,香气啊、口感啊,达到标准才叫做好酒。最后,什么样的酒才是好酒?还是你喜欢的酒才是好酒。这时候,因为你已经掌握了好酒的标准,所以喝的每一瓶酒都会按照喜欢这个标准去作出要求、去选择。初级阶段的你的喜欢只是主观性的,最后阶段的你的喜欢则有了客观性。”

唉，并非故弄玄虚，亦非好为人师。身边的人总是说我不爱说话，要看人、要看心情、要看时机，偶尔也可以夸夸其谈，这时候“有什么问题趁现在赶紧问他，不然等一下他又不说话了”。没了说话的兴致时，别人可能不好意思说出口，但心里想的肯定和我妈的说法一样，就是“三杆子也打不出一个屁来”。

不是有人写过么，葡萄酒的好处之一就是喝了酒会使人变得放松，更容易打开心扉，让懦弱者变得勇敢，或者令一个沉默的人变得喋喋不休。好吧，我也算葡萄酒的受益者啦，需要为其颂上赞歌，虽然心里依然只喜欢羞涩地站在后头。

“可是，我看到过有人这样写，在评价一款酒的时候客观性是这样的：这是一款好的酒，我喜欢；这是一款好的酒，但是我不喜欢。”有人也插言进来。

“这句话说的不正是对酒的评价是有一套客观标准的么？”我回答。

“与喜欢或不喜欢无关？”从说话语气看他倒不是故意在为难我。

“嗯，其实我还真的思索过这个问题，也就是在品酒评论时有关‘喜欢’这个词汇的运用意味着什么。直读到现象学美学流派之奠基者莫里茨·盖格尔《艺术的意味》一书才找到了答案。按照他的说法，就说品酒吧，当说喜欢的时候，意味着赞许，意味着接受的态度，也就是说我们领会了这瓶酒的肯定性价值；而‘喜欢’具有直接矛盾的对立面，即‘不喜欢’，说不喜欢的时候则意味着我们领会了这瓶酒的否定性价值，也就是不赞许。那么，如果我们知道一瓶酒具有否定性价值、并且我们自己也并不赞许它的时候，这一瓶酒它又如何能说是一瓶好酒呢？——‘这是一款好的酒，但是我不喜欢。’说这话者仍处于没有明白‘喜欢与不喜欢’的差异的阶段，因而显得自大了。”

而在“审美态度”一章中，莫里茨·盖格尔提出了一个“审美上的业余艺术爱好”的术语。是呀，目前市面上充斥着各类的品酒专家，写着各式各样的品酒文章，开着各式各样的品酒课程，“有理由宣布这里存在着某种审美经验的业余艺术爱好者”，这可需要警惕，不能使自己混入其中，这也是自己写的文字愈多，愈战战兢兢、如临深渊、如履薄冰的原因。

水芹菜

在广州吃海南菜。“这个叫水芹菜，我超喜欢吃，你一定要试试！”坐在身边的Sally大力推荐道。

夹一筷子入口，嚼一下，嗯……怎么这么奇怪，有煤油味？真的是哦！

“煤油味，是呀，很奇怪，很多人不喜欢，但是我超喜欢。”

好吧，你是国际品酒师、国家级酒类裁判，推荐的这菜应该没问题。再大力夹一筷子，一根一根地吃、一箸一箸地吃，都一样，特别是将菜节咬破的那一刹那，煤油的气息在口腔内爆破开来，然后通过后鼻腔嗅觉感受到，非常……怎么说呢，非常特别。

在葡萄酒中煤油味也会出现，它是雷司令葡萄酒的典型香气，特别是德国的雷司令，但是雷司令那著名的煤油味来自葡萄品种和产地的土壤组合，海南水芹菜的煤油味又是来自哪里呢？只是蔬菜本身？真让人疑惑啊。

嚼着这有着奇怪味道的蔬菜我思考起一个问题来，喜欢葡萄酒的人的一个最大的乐趣在于品味葡萄酒中许许多多的香气，这也是葡萄酒的一个神奇之处。100%用葡萄酿造却能够散发出和葡萄完全无关的香气来，很多香气和我们的生活息息相关，大多数人都能够从葡萄酒中闻得出来，更有一些奇怪、让人意想不到的组合，在其他食物、饮品中是万万不会出现的，也是人们不敢尝试的。你能想象这样的组合么，给你一个香草味的雪糕，然后夹杂着皮革、烟草味？点一杯咖啡，杯子里还带着土壤、灰尘、铅笔屑的气息？上一个水果拼盘，菠萝、苹果、梨、桃子、柠檬、芒果伴随着浓浓的石油味？这三种情形在葡萄酒里却完全可以发生，依次可以是美国的赤霞珠、波尔多右岸的美乐混合了些品丽珠以及德国的雷司令，它们都品质不错、价格不菲，让葡萄酒爱好者一杯在手、玩味不已。正是由于葡萄酒中可以容忍这种奇怪的香气组合，葡萄酒爱好者也对此习以为常，甚至更乐于去深入发现，会不会造成他们对气味和味道的耐受性增强，影响其对生活中其他食物、饮料的风味的判断，形成口味偏差？就像忠言逆耳、良药苦口等古老智慧造成的反效果一样，包容有时候也容纳了错误？

遇到过很多次风味强烈但品质低下的酒却让很多人喜欢，说是这酒有风格；见到过很多专家们经过品鉴后得出的结果却是同一家酒庄等级低的酒得分比等级高的酒还要高，说这酒表现好；看到过很多品酒师的品尝笔记罗列了一大堆从酒中嗅出的香气，很多其实是瑕疵的香气啊，结论却说这是一款让人愉悦的酒……

很多品酒师其实是混淆了个性和风格，以为有差别就是有表现，闻得出的气味多就愉悦，却从来不知道一款酒最重要的是要达到它应有的品质，之后的个性表现才叫风格。同样，愉悦，什么才叫愉悦？感官的愉悦多少人真正了解？个人的感官愉悦，以及作为品鉴师如何超越个人的喜好，感受大众通感下的感官愉悦，这其中又有何差异？

我也有自己的嗅觉和味觉误区，一道水芹菜让我想了很多，也提醒了自己，饮食之道是要学的啊，而且永无止境。

传　承

常常在早上收到广州卢叔的短信，每每喝到什么好酒他就会发来一些感悟。品酒除了闻它、喝它、品它，确实也是需要谈论它的。

“觉得靓酒香气有两种，一种勃艮第、波尔多类，是分层的，表层飘逸类，如薄荷、桉叶、花香，鼻子深入酒杯闻是馥郁的果香，似煎肉、煎鱼，似荷叶饭。意大利酒远近闻都是一个味，却有着香料、木、果脯等很复杂的香，呈集束型。两者味道均很丰富，就是形态不同。在口感上，偶有靓得够酸度的勃艮第酒或意大利巴罗洛酒，入口或收结瞬间鲜、酸味在口腔有明显集中，呈点、呈线状，也是每饮一杯不同，在波尔多等产区是没有发现的。”

回复曰：“每个人的感悟都不一样，每个产区的酒都各具风格，这就是品葡萄酒的乐趣啊，从喝差异入门。”

穷其至味，这并非只是个人化的癖好，也是知性上的好奇，更受对葡萄酒的热情驱策，卢叔触物而感的细腻的心态真让人敬佩。确实，瓶中的酒必须倾进杯中、喝到嘴里，然后形塑感受才能说明和被人理解，语言并不能百分百地再现杯中的真实，而且，就杯中酒而言，不能化作笔下文字的那些感受才更为甜美，只因感官的感受很多时候是窘于形容、无法述说的。

给卢叔的最好的回复，我想应当是告诉他，收到他的信息后我忍不住打开了一瓶他谈到的酒，一个人喝着呢。

不过，这举动在别人眼中肯定是得不到酒中知己的赞誉的，只会说：就是俩酒鬼！

前几晚在一个葡萄酒爱好者的聚会上，自己曾难得动情地说出对葡萄酒的礼赞，当然，一定是微醺的后果！

葡萄酒之所以能成为一种文化，正是因为在饮食范畴中它以其多元化、多样性反映着自然的属性，比如它香气的丰富，百分百用葡萄酿造而成，而自然里、生活中我们能够接触到的几乎所有物事的香气却都能够在酒中找到；比如它的味道，味觉的酸甜苦咸鲜，口感的触觉、温度、厚重、刺激感，皆蕴涵在一口之中；固然，对葡萄酒的喜好只是感官的癖好，属动物性生命层次，但对葡萄酒的审美经验深具美学特性，不但能够唤起在身体与心灵、物质与观念、思想与情感等方面给人带来享受和满足的完整的生命意识，而且也能够通过感性的具体存在显示出文化情调和心灵旨趣来，携载有文化意涵，这一切皆促进了葡萄酒审美文化的达成。

——这就是葡萄酒让我二十余年不离不弃不厌倦，并依然深爱的一个最重要的原因。

那时候，我的手中端着的是徒弟小周特意为我而开的一支意大利巴罗洛，而且是我出生那一年生产的酒。

那种香气、雅正的甜、活泼的酸度……能被细微地感知到，摒除那令人激动的情感元素，那一刻，我其实更想悄悄地站在暗影里，一个人品味这酒带来的沉静又电打雷劈的感动。

四十余年的老酒啊，没喝到之前，很多人不相信它依然能够焕发出如许生动的表现力！这就是葡萄酒的魅力呢，而我愿收徒，也是因为葡萄酒是文化需要传承。

平　衡

未能免俗，终于还是迷上了最近火得不得了的那个电视节目——《中国好声音》！

我是从刘欢组的导师考核才开始看的，看的是频道重播，然后接着就看哈林组的导师考核直播。看刘欢组时只是安静地听歌，看哈林组却是数次从沙发上跳起来，太惊讶了！从来没喜欢过庾澄庆的夸张，但这一夜起对他便刮目相看了。节目中刘欢、那英、杨坤（说实在的我不知道这人是谁）也都称赞了哈林！特别是从14进7阶段，两组学员同台飙歌的表现，刘欢组和哈林组场面的对比，让我忍不住立马发微博说：这呈现出来的差别就是文化差异啊！

有朋友在微博上问：差别是啥？

回曰：这就是很多人概念中葡萄酒的平衡和均衡之别，刘欢组只见对立双方一边一个，几乎没有交汇，你上我下，只见对立元素的交战，旗鼓相当，这是平衡；哈林组虽然也是交战，但是对立元素融合在一起，这是一种交集，而且双方在交集里都有提升，又都清晰地感觉到，相得益彰，这是均衡。

在现代汉语中是这样解释“平衡”的：“对立的各方面在数量或质量上相等或相抵；衡器两端承受的重量相等；表现为一种对称的状态。”“均衡”则是“在对称基础上的变化，协调统一，呈现出一种结构或状态的整体感”。

哈林是个很好的导师，竟做到了寓教于乐，将竞争关系的学员协调统一在一首歌里，而且两组学员各自的歌唱比起初选阶段都有所提升，两两相加达到了一种超出两两的效果。这是中国文化尚“和”，“讲究和而不同而不相抗”的和谐观念的体现吧，不过分强调对立的元素。

刘欢组的学员则体现出西方文化对立因素的竞争，同台对唱的学员更多表现出竞争、取胜感，只有对手才能激发出彼此最大程度的潜力。有美学家将西方“和”的思想称为“克谐”，指的是“对立冲突中的和谐”。西方的“和谐”更注重彼此之间的对立与杂多，认为和谐是对立斗争的结果，有着对抗争、独立、自由的崇尚。

这么多歌手里最喜欢的是谁？我喜欢哈林组的大山啊！飙完高音之后展露出来的女孩子的腼腆着实可爱！

她是到四强阶段出场最多的歌手吧，初选两次上台，最后一刻才争得机会让哈林和那英转身，之后又获得两次演唱机会竟一直杀入四强，入选哈林的黄金战队。从初选歌曲时演唱的毫无章法、前后不连贯，到经哈林调教后对一首歌学会了完整而丰富的表达，她展现出了良好的可塑性和多面向的风格来，也赢得了其他几个导师的一致认可，《也许明天》，也许明天她会取得更大的成就吧。

而且像杨坤所说，在台上这个孩子很摇滚、很有范儿。在选导师的时候："因为上一次指出我的问题的……"——"是我？"那英指着自己的鼻子问。"是庾澄庆老师。"——哈林得意，那英放弃。"但是上一次那英老师就鼓励了我。"——"还有但是啊！"哈林直接崩溃、趴座位上了，那英则直起身子洋洋自得。"可是我是一个爱学习的孩子，所以我还是选择庾澄庆老师！"——真是宛转如弹丸啊，野马不羁之中、天真烂漫之外，表现出超强的舞台掌控能力！在鼓掌之间将几个大腕导师的真性情都带动出来了，让场面波动起伏、峰回路转。好看！

差　别

先喝了支普通的智利红酒，然后开的是波尔多左岸名庄，又开支右岸名庄。虽然讨厌好为人师，但是虚名在外，每每遭逢饮酒的场合都免不了被要求对席间之酒做一个点评，不开口则又难免被人说装！奈何！

“这款智利酒么有些粗俗，香气也带着没有被驯服的来自葡萄的野性。波尔多酒当然不用多说什么，都是好酒，左岸么按照通俗的说法更有骨架，更强而有力，像男性；右岸么则丰满柔顺，稍甜宜人，更女性化。”

“我知道波尔多酒很出名，但是，我还是更喜欢这智利酒。”对面的时髦女性说。

“没问题，喜欢就好，喝酒么不就是图个开心。”

“是呀，你们都说波尔多酒好，我倒觉得这智利酒更好，是我喜欢的风格。”

“这个么，说到好和喜欢便是两个问题了。喜欢是个人化的东西，谁也不能说什么。”这是毋庸置疑的。“但是好酒还是有个标准的，这支智利酒它的香气含有不愉悦的味道，它的口感也有瑕疵，它其实是一款没有达到标准的普通餐酒。至于说到风格……”

“它的香气更浓郁，口感也更突出，更好喝。”时髦女性拿起酒杯自顾自喝一口，然后提高嗓音和身边的人继续说。

OK，好吧，咱就不说话吧。

教人学习葡萄酒总是说一定要比较来喝，两三支酒一起喝，不同产区、不同品种、不同价位，有比较便容易喝出差别，而这差别便是一款酒的个性，至于说到风格……很多人其实是误解了葡萄酒的个性和风格这两个概念。在葡萄酒的定义中，风格指的是酒品的色香味作用于人的感官，给人留下的综合印象，具体而言则是一种葡萄酒区别于同类其他葡萄酒的独有特征和个性，即所谓的典型性。要强调的是，典型性是中性，而风格则属褒义的。酒品的风格是由酒品的色香味体等因素组成的，是使人感觉舒适、愉快的个性和特征，更是构成葡萄酒感观质量的一部分，也就是说，必须是在达到一定的质量标准的基础上表现出的个性和特征才能够被称为风格，否则，就不是风格而是缺陷。

很多普通品质的酒气味突出、口感尖锐，容易给感官留下印记，很多人或许会觉得它们更容易辨识，因而觉得喜欢，也觉得很好，但是，只能说这是它的个性特征，而不能说是它的风格。固然每个人都有他自己的品位，但是葡萄酒就品质而言还是有一个判断标准的。

“任何一种风格都必须接受它自身的价值标准的衡量。”（莫里茨・盖格尔）所以，仅表现出个性或差异性那不叫风格，必须是在达到一定品质后所表现出来的独特性才叫风格。

“喂，饮食方面男女是不是有差别呢？我是说女人的嗅觉、味觉会不会比男人更灵敏、也更容易判断好不好吃、好不好喝？”同席者有问。“当然啦！女人感官更精细啊！男人更粗心！”时髦女性大声曰。

“你一个人在笑啥？不同意？”“没有，没有！”我赶紧摆手。“只是忽然想起周作人写过一个古代的笑话，叫作：赵世杰半夜起来打差别。两夫妻半夜醒来探讨在男女之事方面男女之间是否有差别，女人说有，然后赵同学就将老婆揍了一顿。当然那是旧社会，咱们是新社会，绝对尊重女性，女人说男女有差别，咱也说有。”

草船借箭

“你知道么，你或许会感到奇怪，有些酒你就是喝不出感觉，而另外一些却就是能够触动你，就像人一样，你总是会被某些人打动。”

“很高兴你喜欢这酒，虽然我觉得它平平无奇，香气表现还不错，不过口感，嗯，其实没啥口感。”

“马拉美说：在发现了无之后，我发现了美。这支酒的诗意谁又懂！”

“或许是吧，酒、人、诗意都一样，每个人的触发点、触发力度不尽相同。”

“你觉得这酒没感觉？”

“或许只是我对这酒没感觉。”

“或许那是因为你刚才没猜出来它的产地、品种，然后心里一直在拒绝它、压迫它，呵呵，你不公平了！”

“OK，其实在我看到它的酒标之后，我还是无法将它的产地、品种和我品尝到的感受百分百画上等号，包括它的年份。会不会是你偏爱了它？你去了酒庄，庄主签名送的？”

“我没觉得我偏爱它，从这酒里我就是能喝出诗意来，我写那么多酒评，公不公平我还是自信能够把握的。”

“有些人的酒评在剥夺了文句中的诗意后底下一无所有，对酒质的反映毫无意义。”

“那你告诉我该怎么写酒评？嗯，你写的那些文章难道不一样？你敢说不是充满了诗意么？葡萄酒，一直是你说的：其实很简单！颜色、香气、酸甜苦辣咸，还有口感，除了这些，葡萄酒还有什么？还有的就是酒精使人产生的感觉罢了！它引发的是感性的东西！枯燥的专业品评术语加上感性的词汇共同的描述，就是最好的酒评，帕克也是这么做的。”

“我不是要和你或者谁争论什么，其实我是在思考这个问题，不是说真理愈辩愈明么，我相信很多东西在辩论中才会被激发出来，包括自己有时候想不到的一些念头，会在和别人对话时冒出来。就像你说：感性的描述，确实吧，很多人写的葡萄酒文章大多是专业的术语加上点感性的描述，我并不是反对感性的描述，而是质疑专业的这一部分，‘专业品评术语加上感性的词汇’，这有点像草船借箭一样。”

“我不明白你的意思。草船借箭怎么了？很成功的计策啊，箭借到了，达到了目的啊。”

“对，很成功的计策，箭是目的，船只是工具，但是，就战争而言草船是很不专业的工具对吧，曹军雄兵百万、战舰千艘，这是专业的工具。”

“不是这样说的吧？最后谁赢了？是草船借了箭，是草船烧了曹操的百万雄兵、战舰千艘！你到底想说什么？”

“所以是诈么，是诡计。”

“喂！曹操才是奸角啊，老瞒说的是谁！”

“OK，人是奸，但是就理而言，草船和战舰，作为战争的工具哪个更专业、哪个连专业水准都没达到呢？”

“都专业啊，赢了的更专业！”

“你不讲道理！那是特例好不好，我说的是一般论。正常来说战舰才是专业的，草船连专业水准都达不到！”

“我明白了！你说来说去说的是我的品酒水平达不到水准是吧？不够专业、达不到专业水准是吧？”

“我不是说你好不好！”

“可是刚才是谁连这酒的产地、品种都没猜出来？不是我。”

“葡萄酒是双向的，酿酒者是一端，饮酒者是一端。酿酒者可以准确地酿造出具有产地、品种特征的酒，或者不；饮酒者可以准确地品味出反映产地、品种特征的酒，或者不。这两端可不是两两对应的关系。”

“算了，我不和你说！”

“这不是在讨论么？心平气和一些好不好。”

“有这样讨论的么！OK，是酒不好、酿酒师水平不够、您水平太高，我带回去自己喝去，您一个人在这儿心平气和吧！”

“喂！喂！”

……

哪只鸡下的蛋

有一则流传甚广的钱锺书的名言，常给人解读成钱先生的幽默："假如你吃了个鸡蛋觉得不错，何必认识那下蛋的母鸡呢。"

考其故，实源出杨绛《记钱锺书与〈围城〉前言》："一次我听他在电话里对一位求见的英国女士说：'假如你吃了个鸡蛋觉得不错，何必认识那下蛋的母鸡呢。'"

但是唯有联系上下文才能完整地理解这句话的意义。

杨绛先生原文如下：

> 我经常看到锺书对来信和登门的读者表示歉意：或是诚诚恳恳地奉劝别研究什么《围城》；或客客气气地推说"无可奉告"；或者竟是既欠礼貌又不讲情理的拒绝。一次我听他在电话里对一位求见的英国女士说："假如你吃了个鸡蛋觉得不错，何必认识那下蛋的母鸡呢？"我直耽心他冲撞人。

钱锺书曾说自己的诗歌"字字有出处而不尚用典"，于是也就有钱迷(今天该说钱粉)考证此言典出一句古老的英国谚语:“He that would have eggs must endure the cackling of hens.”——要想吃鸡蛋就得忍受母鸡咯咯叫。

既然要“忍受”,那么取蛋之举当属让人讨厌之情景,此亦杨先生“耽心”之义。

“笑啥呢?”身边的人问。“哦,没啥,想起个笑话而已。”

在葡萄酒推介会上,听着一家酒庄的酿酒师拿着杯酒夸夸其谈得欢,我忍不住地就笑了。

从酒庄的历史、到葡萄园的风土,从他手中这瓶酒的酿造程序、到产量和市场的表现,从酒的葡萄品种比例、到橡木桶的贮藏时间对风味的影响,从他的酒该和什么口味的食物搭配、到你们(酿酒师指了一下台下)能够从我的酒中品尝出的味道……

“元芳,你说得太多了!”

酿酒师带来他所酿造之酒的信息固然重要,但是也应当留给饮者余地啊。李白怎么说?“唯有饮者留其名。”

一位对自己的酒进行过多评价的酿酒师是不智的。

葡萄酒在装瓶之后,会独自发展,会超越酿酒师,多少年以后就是酿酒师自己也不能很好地理解他酿出的酒,这是好酒的品质。封瓶应该是一种仪式,封瓶之后酿酒师就应该闭嘴。像作者一样,无论一幅画或是一本书,当作品完成了,他便也失了对自己作品的发言权。因为是自己酿的酒,酿酒师自当享有酒瓶上的署名权,但是如果若干年后酒不能使它的酿酒师本人都感到惊异，那绝不是一款好酒。

酒在杯中应该自有其神圣不可侵犯的东西在，唯有饮者才有发言权，当然这除了有赖于酒本身的品质，也有赖于饮者的品质。

酒的价值，对酿酒师而言在打开的那一刻就已经消失了，然后是在饮者的杯中、口中重组，重新建立。酒瓶里带来的信息固然重要，酒杯中彰显的东西却更值得关注。酿酒师装进去的，不一定就是倒出在酒杯中的。是否能形成酿酒师能够给予的信息之外的东西对一瓶酒而言才更重要，也才更使其具饮用价值。所以，酿者自有理论，饮者也当自建体系才对。如何酿可以说很多，如何吃、如何喝、如何品、如何饮，和“认识一下下蛋的母鸡”一样，并不是一个简单的话题。

严厉者

网购流行，葡萄酒也成为其中热销的商品，但是网购也带来了很多问题。首先玻璃包装容易破碎，不是每家快递公司都接受下单。更重要的是看了网站对酒的介绍购买，买回来一喝却不是那么回事，结果只能找售卖者隔空骂架。而且口味的东西固然有同嗜，差异性却更大，个人的喜好是没有办法妥协的。

我们需要做宽容的消费者，任何商品都是有成本的，有一个底价，“这已经是最低价了，不能再便宜了！”好吧，只要酒商们诚恳，就可以接受他的售价。酒商也是需要利润的，非要逼他再减价，不是不能做到再降低成本，但是这样你想他会装些什么进去瓶子里？做一个宽容的消费者，不要一味地追求低价位，质量来自成本的付出，好的葡萄酒来自种植者、酿造者用心费力的劳动，来自人力、物力、财力、心力的投入，而且他们也需要回报，需要金钱和我们觉得好喝时的赞美。

我们需要做严厉的消费者，对酒商言：给了你利润空间，信了你的广告词，你便要让我满意。“这酒为什么这么难喝！”“葡萄酒有它的品评标准，如何喝葡萄酒是需要学习的，如何品葡萄酒也是。”“那你来教我啊。”“但是消费者不喜欢被教育！”“那你可以说服我啊，告诉我可以从你的酒里喝出什么好来。”酒商是需要尽这些责任的。

做一个严厉的消费者，不需要去种葡萄，不需要去酿酒，只需要成为一名合资格的饮者，就会对葡萄酒的品质有所影响。了解葡萄的种植、葡萄酒的酿造、酒的品尝，知道怎样的酒才叫做好酒，知道葡萄酒的品质标准，知道如何品评葡萄酒，那么，销售场所、酒商、酒评家、酿酒师、酒庄庄主就不能为了追求利益而牺牲葡萄酒的品质。

好吧，这个世界从来不缺歌颂者和想当歌颂者的人，葡萄酒世界亦然。品酒师、侍酒师、专家们有多少没被酒商、庄主给攻陷了呢？喝到贵酒的自恋、参加了名酒晚宴的自得，对受庄主邀约去酒庄参观比和酒友相聚把酒言欢更期待，对认识一家名庄酿酒师比去尝试一款新风味的酒更有自信，饮家们对名庄的谄媚，太多、太多。所以，我觉得该欢迎花钱买酒者的声音，该鼓励消费者中的严厉者，这样才能让酿造者、酒商自警自律，酿造好酒、代理好酒、销售好酒。

葡萄酒的文化生态是由消费者、购买平台、销售网络、酒商、酒评家、酿酒师、葡萄种植者共同构成的，葡萄酒的品质既有赖于酒本身的品质，更有赖于消费者、酒商、酒评家、酿酒师、酒庄庄主的品质。

古语言：说到吃喝莫争辩。吃在你口、喝进你肚子里，你说不好、你说不喜欢，我敢说你不懂吃喝？不专业？那我就自大了。但是口味的好坏又确实具有一定的标准，是需要经验，需要学习的。很多东西不是因为你不喜欢，它就不好。对自己严格，才能够习得好的品味，同时也要学会宽容。

葡萄酒文化在于它的多样性、个别性、多种多样的风味，葡萄酒的好处在于喜欢葡萄酒带给你的是一种生活态度的完善，基由葡萄酒的带领我们会扩大对生活的接触面，欣赏更多生活中的美好事物。葡萄酒带给我们最重要的其实就是一种生活态度、生活方式、生活观念的转变，生活情趣、生活素质、生活文化的提升。

就商品而言，品质的进步来自严厉者的批评吧，就像我们自身的进步也是来自身边人的鞭策一样。虽然很多时候不讨人喜欢，但生活中还是需要这样的严厉者。

葡萄酒是艺术品吗

在美学史上很长一段时间并不承认嗅觉和味觉的审美地位，像圣托马斯就宣称："我们并不说美的味道或气味。"因为，美是具有特殊的"认识能力"的感觉（即视觉和听觉）的事情。艺术史也将嗅觉和味觉排除在艺术范畴之外，理由是嗅觉和味觉是属于生命层次、动物性的感觉，是低级的感觉，在气味和味道方面，生命的侧面占据了支配地位，所以它们很难达到存在的自我的层次。听觉和视觉才属于高级的感官，属于艺术的感官。

甚至今天很多酿酒师自己也承认："葡萄酒属农产品，只是一门手艺，而不是艺术。"其实在西方语言中，"艺术"一词最初的含义就是"技艺、机巧"的意思。葡萄酒可以是一种艺术的，即一种技巧的结果。

开明的哲学家想表现出大度来，说只是由于美食和美酒落实于"味"，不仅关系于对象的形式，而且主要是因为美食与美酒是以主体占有客体为目的，才使它与真正的艺术品隔着一层。——是呀，诗与画可以看了又看，文本还在那里；音乐可以听了又听，乐谱还在那里；美食与美酒被人吃掉了、喝掉了，就算感觉到美，主体占有客体，消化了、消失了，美存在于何处呢？

“适合于视觉和听觉的艺术作品无疑是存在的。”哲学家们承认。那适合于味觉或嗅觉的、严格意义上的“艺术作品”，究竟是不是能够存在呢？

我们知道葡萄酒是分等级的，固然有适合随便喝喝的日常餐酒和优良地区餐酒，但也有法定产区葡萄酒，其中顶级的不但具有饮用价值，更有陈年价值、收藏价值和鉴赏价值。

这样级别的一瓶好酒承载着葡萄品种、产地、酿造技术、栽培者、酿造者的努力和心血，喝的或许是一瓶、或许是一杯，但是却代表着天、地、人一个年份的收成，气候、土壤、人为的元素都可以在酒中感受得到，而且葡萄品种和产地的历史、人文的渊源也皆封存在酒中，能够随着陈年传递到未来。这一切不都表现着艺术性的特质么？不正符合“真正的艺术品是由社会化的符号构造起来的，包含较多的文化内涵”的定义么？

当我们以审美的态度去看待对象，其表象就具有审美性质。因此，人们既可以把一杯酒一饮而尽，也可以慢慢品尝，回味它的芬芳或者它的效力，寻找它的那些香气或者辣味的价值。

葡萄酒到底属不属于艺术的范畴并不重要，重要的是我们以什么样的态度来鉴赏它。我们固然不能认为葡萄酒具有审美意味就将其与艺术做出轻率的联系,但是也绝不甘于认同哲学家们断言的如果认定烹饪、饮食等是接近艺术的就是俗人。并非非要将葡萄酒往艺术上靠,或者非要证明葡萄酒是艺术的。我们争辩不过艺术家、哲学家,不过即使争了也没关系,他们分身无暇,因为彼此也在吵架呢!

好吧,葡萄酒不是艺术品,但至少应该不妨碍我们以审美的态度对待它。

抱　歉

年关将近，身边的人都开始念旧了，年纪大的想念家乡的味道，年纪小的想念红包。那一天朋友开的一瓶德国雷司令白葡萄酒，猛然地把我的思绪拉回到遥远的从前，因为那种蜂蜜的味道，因为那种槐花的香气。

我成长时所居住的村庄被群山拦在海边，只有一条公路通过村口一条小时候觉得高得吓死人的桥和山外相连，那时候以为自己是一辈子也走不出那个地方的。每年总有那么几次会有外乡人敲着锣、牵着猴进村来耍把式卖艺，再就是春天时槐花开，海边槐树林里会住着跟随花时而来的放蜂人，这时候家里的老人是万万不让孩子们再去树林玩耍的，说那些南方人走时会把你们捉去，然后就再也回不了家了。

结果在我少年的想象里，离开家的唯一方式要么就是藏在卖艺人的大篷车里，要么就是夜幕降临后躲进放蜂人的帐篷里，多少的历险、多少的梦幻就这样发生了。没想到的是,“离开”后来竟成了我一生的主题,不知道到底是在哪里出了错。

“想啥呢?”朋友举杯过来。

“抱歉!”碰一下杯,我说。

“为啥道歉?”朋友笑。

“每次见到打开一瓶不该打开的美酒,我都会有罪疚感,感到抱歉。”

“这酒开早了,我知道,这么新的年份,而且德国雷司令晚收精选的甜酒是可以陈年很多年的。”

“没关系,”我说,“我对酒感觉抱歉,但是对请我喝酒的你——感觉很好!”

“呵呵!”

其实我是对小时候的自己说抱歉呢,他的很多梦想我都没有帮他实现,每每回首走过的路,那种歉意的感觉就像殷勤的水一样,每当我的人生有任何的即使是最轻微的倾斜,它就会流漫而来。

“这酒如何? 嘘——不想听你‘还可以啊、挺好啊、不错啊’等行话!”

“嗯……那还让人怎么说话!”我笑。

“你知道德国甜酒几乎可以忽略酒精度,一般都很低,在口感上主要是酸甜的平衡。”

“对,这酒甜度很高,酸度也很高,可以感觉得到它的平衡很好。”

“抱歉，我觉得这酒的平衡并不好，平衡不一定是往相反的地方走，‘因为这是甜酒，所以要增加酸度，这样才平衡’，其实不一定的。你再喝一口，慢慢体味这酒，它甜而炙热，酸而散漫，酒体厚重而不紧凑，余味甜之后啥都没有。”德国雷司令有一种表达的简洁性的特质，甜酸二者，直贯人心，很难让人不喜欢，但也充斥着很多平淡，甚至平庸的出品。有时候甜能遮丑，影响人们对酒的品质判断，就像穿着松松散散外衣的人们，什么都不泄露。

“平衡不在反方向——第一次听人这样说。我要想想。但我这酒很好卖啊！”

“那就好了。我对酒做评论，我觉得好的酒不代表我就喜欢喝，我觉得有缺陷的酒也不代表我不喜欢喝。其实很多酒商让我帮选酒都是挑我觉得不好的。”

“看来找你喝我这酒找对人了。”他大笑。

哼哼！是呀，因为我的一生都在往相反的方向走啊，很多人都知道，终于有一回不用再感觉抱歉了。

一百分葡萄酒的可能性

有幸喝到一款 100 分的酒，有朋友问："啊！我记得你曾经写过一句话：谁那么自大，敢给馒头打分?!"

"谢谢记得。"

"没有，只是觉得好玩！咬一口，嗯，这是 98 分的馒头；再咬一口，这是 94 分的馒头！特别有趣！"一顿，"从文字间的语气你应该是反对给葡萄酒打分的吧？因为我觉得你的语气应该是讽刺性的?"

"这个么，是的，我和大多数葡萄酒爱好者一样，学酒时曾跟随酒评家们的分数找酒喝，觉得自己懂了时就开始质疑别人的分数，甚至质疑给葡萄酒打分这种行为的本身，不过随着再深入地了解葡萄酒、解读葡萄酒文化，我开始不再排斥给葡萄酒打分这种行为了，觉得给葡萄酒打分，甚至给馒头打分也是可行的，也有道理。"

"哦?"

在葡萄酒世界给葡萄酒打分大约有几种形式：跟随美国高中教育分制，多为美国酒评家使用；跟随法国高中教育分制，英法酒评家流行使用；跟随酒店分级的五星制；跟随米其林餐厅分级的三星制等等。Robert Parker Jr. 是当代最具影响力的酒评家，这么多年他一直在为葡萄酒打分数，用的就是百分制。

那么，一款具有完美口感的葡萄酒真的是可能的么？100 分的酒？

康德在《三大批判》中说，人之所以为人乃有三大心灵能力，即感性、知性、理性。它们是人的类趋向。“我所能知者”为寻真，“我所应为者”是持善，“我所可期望者”乃求美。人正是通过这三种心灵能力来认识世界的。

康德将愉悦度分为：适意、美、善。感性层面着眼于感官的愉悦以及审美对象的合目的性、形式的完善生动，并伴随相应的情绪体验，激发情感；知性在认识领域里通过分析和综合来自感性的各种具体材料而把握事物之真，在价值观念上透过情感对对象做肯定性评价即通常所谓的善，认识因素与价值因素——真与善相统一，于是形成美。

审美过程中主体精神有一种潜在的提升，想象力的自由活动具有潜在的方向性，“美是发现生命的较高的观念性”，因此所谓的直观自身并不是指在对象上看到一个现实的自我，而是说主体所看到的是一个理想的自我，根据对生命的真正概念的预感，用黑格尔的话来说就是“达至完美”。应该说这是人的一种本能，人们总是潜在地指向生命的圆满和生存的自由。

人类感官的生理结构与心灵要求秩序、和谐的先天倾向是相对应的，人的本质、认识能力需要对象化，心灵的洞见就是在对象上确证自身。在审美活动中，人的感觉、知识、追求融为一体而客观化了，人们总是潜在地指向生命的圆满和生存的自由，因而审美主体从对象中直观到的是完整、自由的自身，直观到的是理想的人格或理想的境界。

美的理想：虽说鉴赏的尺度是不存在的，也没有明确的鉴赏标准，但人们实际上还是按照某种参照物来确定审美标准，有了这个参照物才能说此丑彼美。康德承认这一点，他认为鉴赏有一个范本或原型，他称之为“理想”。

所以，一款完美的葡萄酒是可能的，即 100 分的酒，因为那是对人的本性理想化和追求完美的一种表达。

自然与文化

有朋友打电话来，说是他一个老友的小孩从外国学成归来想找点事情做，看到国内葡萄酒行业这些年挺红火的，也就买了一个酒庄的产品代理要在国内销售，让我给点意见。好的呀，这种事情发生过好多次，便同意他将自己的电话留给他的朋友。

两个月之后，大热天的下午我正在街上的时候接到一通电话，寒暄客气了很久才明白，哦，是早答应要接的电话呢。然后对方说你的电话很难打啊，打了几次都没人接。哎呀，惭愧！本就是不太熟的朋友居中介绍，不了解我的作息和不好的习惯，所以也没和人说。

自己最常被人骂的就是："有事要找你的时候永远也找不到！"骂得挺彻底，彻底得简直就像手拿剪刀的理发师一样，真的是连一根头发也不放过啊。也确实就是这样的人吧。电话永远调的是静音，每天下午两点之前几乎从来不接电话，而对陌生电话尤其恐惧。——有事写封信，然后半个月之后收到，多好。我心中这样想着。

好吧，既然电话打通了，就说说酒吧。

儿子在国外学的是别的专业，回国要自己创业，有外国同学刚好家里有酒庄，自己老爸在国内则有关系、又有钱，于是就买下了同学家的酒运到了国内。“酒已经买了？”“是啊。”“报关进来国内了？”“是啊。”“这还问什么意见？接下来要做的事情那就是卖呗。”“是啊。就是想问问你，怎么卖啊。”我也想知道啊！

“我孩子说他同学家做的这酒和别人不一样，说是什么自然酿造的葡萄酒，不用化肥，不用农药，还特意养了几匹马用来耕田，葡萄也都是自己摘的、自己酿的不用机器，说是现在流行这样的葡萄酒文化，说这样酿出来的酒喝了对健康很有好处，全世界都会开始流行这样的酒，所以值得去做。你不是做葡萄酒文化的么，我昨天还看了你报纸上的文章，刚好说到葡萄酒是顺其自然的东西，现在不是流行文化产业么，卖葡萄酒也就是在卖葡萄酒文化，所以我今天再打电话给你，希望你给点意见。”

我昨天说了啥？哦，是的，我是说过葡萄酒是道法自然的产物，现在葡萄酒世界流行的所谓自然葡萄酒，也确实是向自然回归的产品，但是，顺其自然的产物并不代表就是好的产品，道法自然也并不代表酿出的就是好酒。

“自然葡萄酒”的推崇者对葡萄酒的定义是：采用一般惯行做

法借助化学农药来栽种的葡萄所酿造的酒叫一般葡萄酒；采用不使用化学农药栽种的葡萄来酿造的酒叫有机葡萄酒；采用有机栽种的葡萄并尽可能地使用最天然的方法、最少的人工干预来酿造的酒叫自然葡萄酒。

西方人文化里是将"文化"与"自然"对置的，文化一定是人文，既然"自然葡萄酒"标榜的是人工干预愈少就愈自然，那么就不应该再讲"葡萄酒文化"了，也就是说所谓的自然葡萄酒应该是最没有文化的葡萄酒，不应该用文化来做卖点。"文化"一词 culture，源于拉丁文的 cultura，原意是指"保护"、"栽培"、"培育"等意思。儿子依赖老子，这是自然；老子保护、栽培儿子，这是文化。

葡萄酒怎么卖？不是卖文化，而是把自然卖给文化，就像儿子左手买了酒然后右手卖给老子一样。

最后，倒是这位大哥教导了我呢。

持 久

朋友聚会，席间有新世界酒、旧世界酒，最后还是一款波尔多列级庄和一瓶意大利佳酿最得大家欢心。

“唯可惜的是波尔多持久力还是不行啊，没有意大利酒持久，你看这酒从开瓶到现在才半个钟头就已经走下坡路了，这意大利酒我们都喝一个多快两小时了，香气、口感依然保持得很好。惊讶啊！难怪现在都没人喝波尔多酒了，都转向勃艮第酒、意大利酒了！”

“持久力只是好酒的其中一个标准，不能仅以此论高下。是的，今天这瓶波尔多确实只有半个小时的灿烂，但是如果放个十年之后我们再喝此酒，它依然会给我们半小时的精彩，二十年后也是如此，它的持久力在于瓶中陈年，十年、二十年，甚至三十年仍能保证给我们开瓶之后半小时生命的绽放。”

“可是这瓶意大利酒同样精彩，在杯中更有持久力，我想你也否认不了在瓶中它的陈年能力，这样比较的话它还是比波尔多好多了啊！有朋友做过实验，这酒可以连续喝十几天，仍没有过度氧化！厉害吧！”

“用十几天来喝一瓶酒，有病啊，葡萄酒是要来分享的好不。我们拿今晚的菜来说吧，你喝汤要不要求持久力？肯定趁热喝对吧。牛排呢？也要趁热，多汁香口配着酒赶紧吃掉。你会不会要求持久力？端上来这样，半小时后还这样，再过一个小时还是这样，那是烤焦的牛排！菜和酒都有时间性，要在一定的时间内去享用它，所以葡萄酒又叫餐酒，需要持久力的是饭后的烈酒。”

烟花的美丽在于一刹那的璀璨，制成假花可以长久保持，但失去了在场的那种震撼和激发人心的力量。今晚的意大利酒固然佳矣，但是在杯中的保持并无更多变化，香气、口感是不错，却单一，没有起伏转折，只给出了一个结果：是的，它是一款好酒，止于此。波尔多酒却演奏了从封闭到开放然后高潮的过程，而不是在杯中僵硬。

一杯酒在这里，我们喝着，感觉着，它既充满作为一种物的性质，酸、甜、酒体如何，丹宁、酒精、余味怎样；又充满价值特性，令人愉快还是不快、讨人喜欢还是不喜欢、风格品质表现如何……

品尝葡萄酒是一种发生的过程，不是静态的，而是喝着、说着、干着、变幻着，我们感受着它、描述着它、判断着它，跟着它的脚步，不可预测、不可预期才好，而不是遥遥无期。插根棍子在地下够持久，但是开得了花结得出果么？没有生命，没有变幻，有何意义？红颜易老、烟花易逝皆没有关系，美丽过，只要爆发了然后有个干脆利落的结束，就值得回味。不是么？

大家现在厌烦波尔多酒是因为熟悉，喝得多了，不开瓶已经知道味道如何，开了瓶：果然！没有喜悦了。慢慢你会明白，也终会感觉到，无论一个晚上喝了多少种酒，勃艮第也好，意大利也罢，甚至西班牙酒王，最后还是来一款波尔多酒最舒服。不信？我敢打赌，你终会经历如此情绪，到达彼岸。

熟悉、惦记、久违感，就像一个老朋友啊，真正能够持久的东西。

获　取

酒友聚会，大家带有意大利酒、法国南部酒、澳大利亚酒等，我习惯性地拿出笔记，做着品尝记录。

“有时候喝酒就是喝酒么，不需要太执着。”“我同意。”

不是执着，只是多年已经养成的习惯，一瓶酒被打开了，如果不留下哪怕仅仅只言片语，总觉对不起它。如果是用心而造的佳酿，不言不语就被喝掉了，更是失去了它存在的意义。我只是尽己所能，不想辜负了酒，倒不是因为自大。

就像今天的酒，先喝的是我昨晚就已经开瓶的意大利酒，1998年份；再开的也是意大利名家之作的2008年份，葡萄品种都是桑娇维赛。

“两相比较正可看到陈年和新年份的酒的相同及差异处，对一个产地、一种葡萄所酿的酒会有更直接和直观的了解。”“是的。”

意大利酒近些年给人异军突起的印象，好酒、名庄仿佛天外飞仙簇拥而至，聚会再带法国酒，写文再提波尔多是要被人取笑的。虽然无论产量、饮用量，更别说悠长的酿造史，意大利事实上一向都位居前茅，著名产区、盛名之酒是早就存在，并非默然修为然后忽然某天从天而降的。惊奇的人只是因为了解得少。

“两支酒都很好啊，都很有生命力，香气、口感的持续、坚挺，也耐琢磨，结构硬朗，都反映出典型性，好酒。”

只是两酒的甜美感都尚付阙如，坚硬而固执，缺乏柔软的东西，当然这是我的感受，就不说了，所谓酒之美每个人想法是不同的。

我知道我在喝的酒和他在喝的是一样的，无论入我口还是入他口，我们都没有丰富它。我们都具有感受性，也都有对葡萄酒的鉴赏能力，我的一些感觉也会是他的，他的一些感受也会是我的，有着替代，有着共在，但是毕竟我的感受世界不是他的感受世界，他的感受世界也不是我的，不会去全然相覆盖，对酒我们会有共觉，但不是全部。每个人都有自己的一片森林，懂的人自然会懂，不懂的永远不懂。我将一种探索能力置于它之上、寓于它之中，葡萄酒依然是它之所是，分别在于我们赋予它的感受性是不同的，这便是人与人之间的间隔和距离。葡萄酒有其直接性，人的感性却有区分。人们可以分享一瓶酒，酒有共显的东西，我们也有同情的感官，但感受却是分化的，毕竟无法混同。葡萄酒是独一多样的存在，而在感性世界里我们也都有着不可被触及处。在同一个场域中葡萄酒因人的感受性、投入程度而分流了。

我当然会提醒自己不要感觉过度。通过文字把一款酒蕴含的东西全部表达出来是一件不可能完成的任务,但是,对我而言,这并非一种困难,反倒是一种吸引力。重要的不是能否从酒中获取所有的东西,而是能够获取到什么东西,甚至也不在于获取到什么东西,而更在于这去“获取”的心态。

独自美丽

看色，闻香，摇摇杯子，各自抿了一口，短暂的沉默，然后几乎同时间："我觉得很好。"我说。"我觉得不行。"他道。

"颜色铅红，香气也是老酒的香，菇类、动物皮毛、墨水、酱油，香气很好，问题是口感，太淡，Body 太轻身，而且这个酸度，嗯，我不大喜欢。"

"我好奇我们喝的是同一款酒么？"我笑。"轻身？是有点轻。酸度？其实刚刚好啦。而这两点恰恰指向这酒的一个非常棒的特质，这就是：精致。就像瓷器，厨房用品和作为艺术摆设的作品的那种粗糙和精细的差别我们都看得出来，而在酒里何谓精致感你要学着去分辨，这酒，就是此时，它的这种口感就叫精致。"

"可是雄狮堡不是应该很雄壮、口感很饱满的么？"

"是呀，你静静体会，它的力度是慢慢出来的，随着第一口、第二口、第三口累积，越来越透发出来，在在皆是，准确地说这叫浑厚。"

“我感觉不到。”他再喝一口，还是摇头。

“这可是 1988 年的雄狮堡啊！”波尔多超级二级庄绝非浪得虚名。

“是呀，我本来满怀期待呢，从来没机会喝过。但是，香气是不错，喝起来我觉得不好。”

“OK.”我再喝一口。依然是很好，非常棒的口感，非常棒的香气。

“你是不是应该别再给我倒这酒？”他笑。“同样的酒为什么你喝起来就是和我喝起来不一样呢！我喝不懂它。”

“没办法说明啊。诗有别趣，非关理也；酒有别肠，非关嘴也。”

古人论诗说味在咸酸之外，韵外之致和味外之旨更重要，酒也是这样。虽然酸甜苦咸辣在酒中都能够喝得出来，但是滋味常是味外味。好酒的情趣韵味需要品尝者拥有能够心领神会的感受能力，这一能力的培养则需要在遭逢佳酿的时候潜心地欣赏、品味，而不是轻易批评，入门需正，常喝好酒才能建立正确的识别鉴赏力。

“你知道么，当年我为了体味雄狮堡的风格同时间开了拉菲一起喝，作为一级庄的拉菲，它的风格是典雅，一起喝的时候它其实掩盖掉了二级庄雄狮堡的很多滋味，但是正是这样一个晚上下来我才有所感悟，两瓶酒我只学到两个字，那就是高雅——就是雄狮堡的风格。”

苏轼论韦应物、柳宗元诗曰：“发纤秾于简古，寄至味于淡泊。”

雄狮堡吾以此语与之。帕克几乎给予 1982 年满分，我喝过的却觉得 1981 年更好，高雅清幽，风神淡远，深契吾心。这支 1988 年也是这样，而且年份也趋于成熟。每一个喝酒的人都可以有自己的评断，说好，或说坏，罗兰·巴特说过："喝一大口好酒，如同读一个文本，这其中必有其扭曲之处。"但是与酒无关，它只是独自美丽着，因为对于雄狮堡这样级别的酒来说它已经完成、完满、有着独立酒格，即使我们理解或者没办法理解，拥有或者没办法拥有，都没关系，它依然在那里，独自美丽。

我所看过的最美的花园

Zach，你知道么，中国哲学的很多概念都可以在葡萄酒的品赏过程中体现出来。

比如说阴阳：好的酒来自好的葡萄，决定葡萄酒好坏的因素，是地理位置、气候、土壤、葡萄园管理和酿造技术。阳，地面上的部分，自然的地理与气候，包括阳光、雨水、葡萄园的坡度以及人的因素——管理和酿造；阴，地面下的部分，土壤的成分与组成、蓄水与排水的平衡、葡萄树龄决定了其根系的深浅、吸收养分和矿物质的能力。

由阴阳又衍生出来对立又统一的一些观念，比如说常变：好的酒庄出产的酒都有自己典型的风味，每一年的酒都像被打上烙印般可以辨识出来，此之谓风格；但是因为每一年收成的不同又会有那一年的独特个性，也会因陈年时间、储存环境、开瓶的时间、环境甚至品饮人的不同而产生不同的风味差异。更有甚者，同一个酒庄、同一个年份、同一批酒、同时装瓶的同一箱，随着陈年也会各自发展，最后每一瓶酒都会有不一样的味道！

比如说虚实：人常说品尝葡萄酒最大的乐趣是欣赏它的香气，但气是看不见摸不着的，入鼻为虚；酒又终究是要喝的，酒的价值当然入口为实。

比如说动静：葡萄酒以闻香摇杯为动，不摇杯为静，你也可以试试看，不摇杯和摇杯，酒的香气是不一样的。很多专家教人喝酒总是不停地摇杯、不自觉地摇杯，其实往往错过了香气的变化。不摇杯香气是凝聚的，摇杯时香气则是散发开来的，这又是一个对立统一的转换——聚散。

再比如说有无：酒倒进杯中为有，干杯之后为无。我们常听说“空杯留香”，是的，我也说过这样的一句话：“好酒的秘密都在空杯中。”经常酒虽喝完了，可空杯后的香气比有酒时更迷人！

更不必说酒色的明暗、冷暖，酒香的奇正、藏露，风味的曲直、浓淡，酒体的轻重、肥瘦，酒精的刚柔、宽严，味道的起伏、开合，口感的疏密、滑涩，余味的长短、徐疾……诸多的对比形式相激相荡、交融通会，派生出葡萄酒的结构、质地、复杂感和丰富性。

而葡萄酒杯，无论是以产地命名的波尔多杯、勃艮第杯，还是以葡萄品种命名的霞多丽杯、长相思杯，甚至最普通的玻璃酒杯，几乎都是郁金香的形状，内部空间都是圆形的，酒液在杯中流动宛转，从善若转圜，则属圆融完满的境界。一款酒能够在杯中体现出圆道、和谐，那正是葡萄酒的最高层次了。

Zach，虽然谈了这么多貌似哲学的问题，但是我所做的只是平实地叙述，葡萄酒并不是玄学，纪德说："奈代纳尔，我来和你谈谈我所看过的最美的花园。"这也是我想和你说的，我所看过的最美的花园正是在葡萄酒杯中！

所以，Zach，我不是导师，我也真不能教你什么，还是让我们一起，拿起酒杯，跟随纪德的脚步吧："奈代纳尔，我将教你热诚。"

无论葡萄酒还是生活，我们要学的就只是热诚而已。

粉拳相向

酒中前辈付师傅要回美国，老蠹兄设宴为其饯行，酒友们各带好酒相聚，席间一款法国勃艮第 1998 年的酒令大家产生了分歧。广州卢叔觉此酒芳华已逝，正走下坡；香港黄老师却认为其香气极佳此时喝正当其时，亲自起身添杯而不屑他顾。

取过酒瓶看一下，是瓦勒酒庄在波恩之丘的一级田“艾博诺特”黑皮诺红葡萄酒。倒一杯，闻一下，香气还好，喝一口，酒体柔顺轻滑，咽下去，酸度好，亦有回甘，清幽淡远，不脱畦径，典型而优美的勃艮第风味。

拿起杯对卢叔道：“这酒您可能觉得喝起来酒体和丹宁都很轻，但这正是勃艮第酒的特点，好坏之差在于能不能表现出精致感来，而且正由于酒体轻，不能喝一口就作判断，特别是老酒，而是喝一口，留心味道口感的细节，咽下后过一会儿再喝一口——”我边说边做，让酒液在口腔转动，然后咽下去。“慢慢体味第二口叠加之后的效果，往往这时候真正的风味才出来。这酒的酸甜、结构感都很好，很精致，而且咽下去之后稍一顿挫，舌面、两颊丹宁和复杂度一下都出来了，怎么说呢，这种存在感——”我摸一下面，看着黄老师，“就好像有人给了你一拳似的，当然没有那么重，呵呵。”“粉锤。”坐黄老师另一侧的八代弟子以广东话插言道，不愧是金庸先生的公子、胭脂粉堆里长大的啊，一锤定音了。

最近在重读罗兰·巴特，发觉一个现象恰好可以用来形容同样一杯酒两个人却喝出不一样感觉的这种状况，那就是一本书两个人的不同翻译了。《罗兰·巴特自述》乃百花文艺出版，怀宇翻译；台湾桂冠图书译作《罗兰·巴特论罗兰·巴特——镜相自述》，刘森尧翻译。试举与酒有关的同一段文字，两者的翻译如下：

> 优质葡萄酒的味道（葡萄酒的直接味道）是与食物分不开的。喝葡萄酒，即吃饭。T酒馆的老板以消化为借口，向我提供了这种象征的规则：如果在饭前饮一杯葡萄酒，他希望就着一点面包饮用，这样会有一种装饰作用和产生一种相伴状态。文明开端于出现双重性的时候（多元决定论）：好酒，就在于其美味能被人获得、能分步感受，以便使最后饮下时的味道与开始饮入时的味道不一样，难道不是这样吗？在饮用一大口好酒的时候，俨然拿到一个文本，其中有一种程度的变化，即一种分级变化：它突出出来，就像长而密的头发一样。

“好酒的味道(真正的酒味)离不开营养。喝酒其实就像在吃饭。为了营养学的理由,T酒馆的老板给我一个象征性的规定:如果在饭前要喝一杯酒,那么先吃一点面包,某种对位法和伴随性遂应运而生:文明即是伴随着双重性而开始(多重决定程序)。喝好酒,其味道会分出段落,自我分裂,使得最后一口的味道和第一口的味道并不完全相同。喝一大口好酒,如同读一个文本,这其中必有其扭曲之处,一种程度的分阶级:像头发,参差不齐。

并非孰高孰低的问题,罗兰·巴特的文本在那里,因译者的感受力和表现力的差异,只是几个词字的不同,韵味就完全不一样了,当然还要加上读者的感受力,真的就如同同一杯酒不同人的感受力却不一样啊。

当葡萄酒遇上中国茶

做葡萄酒生意的朋友带了位北京美女来，身体不太好，平时练练瑜伽、喝喝茶，说是想了解一下最近流行起来的葡萄酒。

“你跟着专家来的啊！”指着朋友，我笑。

“是呀。”她点头，“但是葡萄酒太复杂了，他们开口总是说着不同的国家、不同的品种、不同的产地，还有湿度、温度、坡度什么的，我觉得我搞不明白。”

“嗯。”我同意，是有点复杂。

她盯着我：“你能不能一句话让我了解葡萄酒？因为每次听他说葡萄酒，其实是教我们喝葡萄酒啦，好像很复杂、很神妙、高高在上的，越听越糊涂，越发不知道葡萄酒该怎么入门。那么多产区，法国、西班牙、意大利、澳大利亚，还有葡萄品种赤霞珠、美乐、皮诺娃，等等，这还算了，结果这些葡萄品种原来既可以单独酿酒又可以混合酿酒，是吧？那分来干吗呢？真是的！”

倒也是，呵呵。

“还有拿起杯闻一下喝就算了，还要说出什么香气才成，花香啊、果香啊、动物皮毛、烧烤、玫瑰，哦，最受不了的是泥土、砂砾，还有矿石味！”“春天的气息，秋天的味道，树叶，还有风。”我补充。“对对对！”她大笑。

不太熟，不然我们大概立马击掌为盟了。

“所以，你能不能一句话让我明白葡萄酒到底该怎么喝？或者怎么能喝出葡萄酒的好坏来？”

看着她不像是开玩笑的样子，当然嘴角也是带着些挑战的味道。

“你喝茶对吧？”“对呀。”“蛮了解茶？”“还好吧。”“那就是很懂了。”她没否认。

“其实葡萄酒很简单，远没有茶那么复杂。茶分很多种，不同的产地、不同的品种、不同的喝法，你比我懂。绿茶和普洱是不一样的，产地、品种、工艺都不同，最重要的是喝法也不同，冲泡的器具、水温、手法都不一样，对吧？而且，我们对一杯好的绿茶和一杯好的普洱的判断标准也是不一样的。绿茶有它的喝法、有它的好坏标准，普洱有它的喝法、有它的好坏标准，我们中国人懂茶，明白不同的茶有不同的喝法，会因应不同的茶调整不同的品评标准。葡萄酒没有这么复杂，概括来说吧，只分红白，虽然也分不同的产地、也有不同的品种，但是作为白葡萄酒它的酿造工艺几乎是一样的，作为红葡萄酒也是如此,只是更复杂一些。重要的是喝法,比茶简单:刚开始学喝葡萄酒的时候,你只要以同一种品尝标准去要求所有的白葡萄酒就好了,同样也以同一种品尝标准去要求所有的红葡萄酒就好了。”

“等等!”她拧眉慢慢地喃喃,“茶是不同的产地、不同的品种、不同的泡法、不同的喝法,酒是不同的产地、不同的品种、同样的打开来、同样的喝法!”

我举手,这一次她击过来:“我明白了!”然后确认地点点头,跳起来看我酒柜里的收藏去了。

我的朋友摸着胡子瞅着我:“听着你的说法怎么我感觉:我不明白了!”

哈哈!我笑:“你是专家么,早就明白了啊!现在感觉不明白了不重要。”

她明白了就好,对葡萄酒来说她入门了。

品酒笔记

故事从哪里开始

倒数第一名：开瓶很冲，热烈直接，香气有花香、胡椒、大黄、香水味等，青涩，年轻；酸度高，逗留在上牙缝，回味中果味、酒精出来，结构感建立不起来，这酒味道、口感要素之间处于一种不和状态。

只能算是地区餐酒，品种、产区特性也有表现，性价比不错的配餐酒。……83 分。

倒数第二名：有一股奇怪的烟蒂味，当然别因此而讨厌它，或许该说焦油味，大家认识焦油气味的最初来源不一样；其他香气则有浆果、番茄、烟熏等；还是年轻，酸度高，丹宁强，有架构，空有架构；质感松懈，线条粗硬，显露出匆匆酿成的肤浅。

不知为何会有“不幸的家庭各有不幸”这样一句话浮现在脑际，和前一款酒真是难兄难弟啊。并非我贸然作了轻蔑的判断，而是这两款酒就是饶舌的、模糊的混合体，实在和其他酒不在同一个档次。……84 分。

倒数第三名：香气轻柔，入口轻柔地滑入喉咙，口味甜，热情洋溢，简单易饮，是一款细声耳语般的轻柔的酒。如此而已。真是如此而已。

轻柔，意味着几乎喝不到什么。……85 分。

倒数第四名：颜色稍带橙红色边缘；香气是香水、皮革、紫罗兰、动物皮毛、马味，奇妙的结合。只让我想起这样的一幅画面来：一个裸身美女骑着一匹白马！“她在骑马小跑，她在骑马小跑。”在长着些鲜花的小径上。

酒体整体而言，有俊朗处，有缺失处，给人以瘦削感。口感里有萝卜、人参糖的气味。酸度显明，丹宁顺柔，甜度也有，但单薄，不但整体单薄，各自也单薄，呈支离状，线状，不平衡。用喝茶的术语：这酒喝出水味来了。“词语破碎处，无物存在”……87 分。

第四名：香气不错，似花非花、红莓果、烟草、咖啡、皮革、潮湿之泥土等；虽然刚入口感觉有些混沌，但是忽然间就像滑出迷雾的小船，结构组成、肌理界缝清晰地作为其自身显露出来，酸度稍高，甜度却也跟得上，如同荡开的双桨，平衡而有节奏，丹宁轻滑，驾轻就熟，迎面而来……你有所期待了，想感受更多，它却停住，止于此。

它的表现就这样了？还是时间太紧，它的本质还没有现身？自行变化还没有断然明确？它已经在路上了，不知道何时才能和最好的自己相遇，将品质淋漓地发挥。……89分。

第三名：颜色混沌，遮蔽着，边缘泛蓝，显露出在遮蔽中的深邃；果味不错，有点波尔多臭，香草，层次出来，即便如此其香气依然只能说是渺远的，几乎难以发现，仿佛一个漫游者，在异乡的山野小径上行走，空气里的气息是陌生的，但又是鲜活的，森林、树木、绿叶、灌木、兽、花朵、枯叶、苔藓、土壤、菌……好像都闻不到，又好像都闻得到。

这酒刚开始是晦暗不明的，锁闭，我们无法了解斗篷下是怎样一张脸，不能直截了当地确定它的身份，但是我们直觉它具有严密可靠的本质。故事从哪里开始？我们等待着，等不及，于是摇晃着杯，催促着，让酒在杯中敞开，打开自己，这晃动的动作，既是推动力也是斥力，是呼吸，将封闭的香、味展开，酒的生命发动起来，在杯中展现。首先是酒精出来，甚至一直到最后都强劲有力，但不妨碍酒体那种精致的结构感，口感要素紧凑而硬朗、具体而精炼，触感奔放。……90分。

第二名：甫入杯就有墨水、胡椒香；颜色稍淡；入口结构感很好，酸甜清晰，很爽朗的酒；酒精感稍显，轮廓分明，丹宁细致，很好喝。酒精留在牙间，回味似苦未苦。第二杯时老酒香出来，充沛的细腻，大口喝很好。各种菌类、香草、烟草、雪茄盒、咖啡的气味，好喝。优雅一直在。随着时间在杯中安静地聚敛，有温柔的一面，杯子也像邮差一样将其品质准确送达。酒体严密而结实、丰富而细腻，在口中展舒自如，好像有着什么温柔的法则，让人喜欢，回味里最后的甜也强化了它的完满。有些酒就是能让人感受到一种思想、一种韵律、一种力量，使人出神入迷。……92 分。

第一名：颜色靓丽；香气虽闭塞，但紫罗兰的香流露出了它的青涩，之下的面目是浓郁的、深沉的，微微的烟熏味显示橡木桶的使用不过分；入口有点甜，开始也是处于混沌状态，越来越好。是一款大酒啊，结构雄伟浑厚，层次鲜明活现。像一匹黑骏马，时而扬起前蹄，时而蹬着后蹄，扬鬃摆尾，跳跃腾挪，不失平衡。也像一个国王，划下疆域，有山有河有森林有花园，口感要素具体持重、组织严密，法脉准绳谨慎怀柔、复杂精准，一切皆可靠地居于其中。真是熠熠生辉的一支酒。

等其成熟、等其涌现、等其愈来愈明亮地展开，最好在现场和它面对面。……93 分。

好吧，如果我的文字仅止于此，有谁能猜到这都是些什么酒？

葡萄品种？产自哪里？如果我不说，读到此处，有谁能猜到这是一次怎样的盲品？

如果跳开来，从高处俯瞰自己的文字，说实话恐怕我也不一定猜得出来。

利古里亚海岸的恺撒说过："从葡萄酒中什么也推断不出来。"不，是从我的文字中什么也推断不出来。语言的无力，也是我的无能。我无法将口中的呈现化作通达的文字，让别人也经验。

葡萄酒常常只是表现出一种含混性，所谓含混性不仅仅意味着它是明晰性的反面，也不单纯是一种关于状态的描述，而是葡萄酒最常见的一种存在模式，因为感官世界并不那么清晰。葡萄酒的香气和口感没有那么真的确定。酒中的很多香气或者滋味更多的只是一种象征式的表达，是一种暗示和指代，都是酒里未必有甚或不必有的东西。

但这也是葡萄酒的一个最大的乐趣，在杯中它不只是传递出酿酒师放进去的东西，其神秘之处恰恰在于，它能够带给我们许多意想不到的东西，我们开启的仿佛不只是一瓶用葡萄酿造的东西。

酒是技术化的产物，我们大可抱持怀疑态度，真有那么多可言说处？但也不是一种匮乏。对葡萄酒的品尝必须严格地遵守规定了的公式，我们要关心的只是对品质判断起着决定作用的东西。如何做到用语言来解构口中的葡萄酒呢？或许我的文字营造了一些浪漫情调，但我知道这对于了解酒毫无补益，感性是靠不住的。

虽然，我习惯边品酒边记下规范的字、词、评语，可是，任何对酒的描述都有一种虚构性存在其中，我清楚地知道我写下的文字必有自我迷恋的愚昧性，有一厢情愿的自大。

如何能不加渲染地写下酒评？当我坐下来整理品酒笔记的时候，在现场即时的感性直观里那些最初把握到的印象，已经经过了淡化，所丢失的和我所写下来的其实一样多。我之所写黯淡而模糊，差强人意，一直保持着昏庸的状态，并没有给出葡萄品种、产地的规定性和明晰性。葡萄酒正是通过色香味多样的规定性而为我们所熟悉，也是通过这些规定的东西让我们认出它来。

好吧，这是一场发生于香港的意大利桑娇维赛(Sangiovese)葡萄酒的盲品。

托斯卡纳州(Toscana)位于意大利半岛中部，被誉为意大利文化的发祥地。就葡萄酒文化而言，其代表性的品种就是：桑娇维赛(Sangiovese)。

这是以托斯卡纳丘陵地带为中心且栽种区域很广大的葡萄品种，以酿造著名的奇扬第(Chianti)而广为人知，并拥有以 Brunello 和 Morellino 为代表的许多亚种。

1980 年 Brunello di Montalcino 获得第一个 DOCG 等级，从此声名大噪。DOCG Chianti 在 1984 年获得；DOCG Chianti Classico

则在1996年。

Brunello di Montalcino，位处托斯卡纳中央地区，出产之酒味道虽不够精炼，但格局大，具有深层风味，轮廓清晰分明，结构扎实紧致，带有太阳和土壤丰富的香味气息，稍显强悍的酒精味，亲和力十足。

产自凉爽气候的 Chianti Classico，拥有丰郁的果实风味，Sangiovese 标准的土壤、紫罗兰、皮革的香气以及鲜明的樱桃与矿物味都很特出，酸度清爽，丹宁紧实，甜度微露，带出华丽的风味。

桑娇维赛这种沉甸甸且厚实的葡萄，品种特色突出，香气有紫罗兰、玫瑰、樱桃、蓝莓、丰腴果香、甘草、肉桂、香草植物、糖果、铁质、石灰、肉干的香味、干香菇、可可、辛香料、薄荷、茴香、烟草、咖啡、皮革、动物等，酿出的酒有力度，浓郁，丰厚；甜度高，却又不乏酸度，酒精感强，丹宁则稍嫌粗犷，需要酿酒师精心琢细磨达至精致细密。

故事从哪里说起？开始时？哪里是开始？对酒而言一定是最好的，最具代表性的，只有知道这种葡萄能够达到多好，才能够了解它，追逐它，而不是从简单的开始。

8人带酒盲品，我给它们排的名次是：

倒数第一名：La Spinetta Il Nero di Casanova 2009

倒数第二名：I Fabbri Lamole Chianti Classico 2010

倒数第三名：Montevertine Le Pergole Torte Toscana IGT 2009

倒数第四名：Biondi Santi Brunello di Montalcino 1977

第四名：Montevertine Toscana IGT 2007

第三名：La Porta Di Vertine Chianti Classico Riserva 2008

第二名：Angelini Vigna Spuntali Brunello di Montalcino 2001

第一名：Fontodi Flaccianello della Pieve Colli della Toscana Centrale IGT 2006

这晚的酒反映出了意大利酒强烈的对比。意大利酒对很多人来说是陌生的、模糊的、处于躲藏起来的状态，喝不出好坏。很多酒评家们认为：不纯粹是气候原因，是人天性热情而又容易喜新厌旧的缘故，意大利人很难一成不变地来做事，所以所酿葡萄酒年份的差异也极大。这都增加了人们对意大利酒了解的难度。

让我吃惊的是 1977 年的这支老酒，香气、口中有年龄的线索，但现场的人都没想到它如此之老。

正是 Biondi Santi 的一位祖先分离出 Sangiovese Grosso 的无性繁殖系，发现了这种极具天赋的品种，当地人将其称作：Brunello，这种葡萄酒从此纪元。虽然已经不是蒙塔奇诺（Montalcino）的标杆，但酒庄坚守 Brunello 的名门传统，风味严谨孤高，很多时候并不愧于其稀世珍酿的名声。

这酒整晚表现得有些小心翼翼，刚有香气出来，一摇杯就没了，让人踌躇，口中表现也一直悬而未决，石头一样坚硬不语，什么也没有释放出来，使人处在与其面面相觑的对视状态。

老酒，它不屑于和年轻人述说它年轻时的故事。

还有就是2001年这支Angelini，因为第一个出场，匆忙入杯，最后在场者给其的综合得分并不高，排在第五名，这也是我个人排名和大家排名的差异处。

这家在蒙塔奇诺也是实力很强的酒庄，单一葡萄园，24个月法国橡木桶酿、24个月瓶贮才推向市场。

为何大家体会不出这酒的柔和力量？

我知道我必须克制我的语言，但此酒展现出了接踵而至的其他酒所没有的意大利酒的古典风味。海德格尔说："美妙事情隐匿自己。"就是。

盲品场所位于香港西环坚尼地城爹核士街Half Half wine and bar。

"找得到吧？"

"当然。"

是有点偏僻，有点远，不过我还是去过。缘于年轻时有个梦想，就是要吃遍全香港的麦当劳。其实只是找个理由走遍香港，打发年轻的孤寂。在吃过40余家之后，哪一家的薯条最好吃，哪一家的汉堡最好吃，哪里早餐的炒蛋最嫩……皆了然于胸。

我也吃惊：自己最初对饮食的分辨能力竟然是程序化快餐培养出来的。

而且，在坚尼地城也曾有过爱情，那天也故意早到，在海边走走，伫立一下。

一边一对青年男女抱着、亲吻着、说着话……海浪，夜航船，带着凉意的风，逝去的情怀，海边的长椅我也坐过啊。

海和夜，总带人去远方……

一场白葡萄酒的顶尖对决

7月即将远行，一起再喝点什么吧。炎炎夏日喝点什么好？当然是酒啦。那喝点什么酒好呢？当然是白葡萄酒了！好的白葡萄酒常常遇到，贵的少喝，偶尔也应该奢侈一把！世界杯激战正酣咱怎么喝？当然也是捉对厮杀一番了！

一如既往的豪华阵容，八支名酒、十二人的盲品小组。

好，啥都不说，酒、汝前来！

第一场对决：德国 vs A？

守擂者：Egon Muller Riesling 2012。

酒庄：

当我们谈起雷司令（Riesling）我们谈些什么？汽油味？甜？不，不。这句话应该是：当我们谈起雷司令我们能谈些什么。首先，这是一种白葡萄品种，然后这是用雷司令葡萄酿成的白葡萄酒。

品系不同，特性完全不一样。

介绍雷司令，不能不先谈一谈德国，而谈到德国雷司令，又离不开伊贡穆勒(Egon Muller)，他们家的雷司令是德国也是世界的顶峰。就是这么一回事。

庄主伊贡穆勒四世，其欧洲传统贵族的腼腆、极度的完美主义、抗拒改变的态度，都让人赞赏。可不，如果祖上的传统已够卓越，何必改变？

我不知道应该把德国雷司令划归于最简单的葡萄酒，还是最矫揉造作的葡萄酒。它的伟大特质不变的标志就是单纯自然。好吧，无论如何从这酒开始。

品酒笔记：

第一支：香气浓一些，清爽干净，果味很好；酒体中度，酸度亦好，余味稍带苦感。

第二支：香气弱一些，有类似汽油、热带水果等典型香气；酒体轻薄，酸甜清晰，风轻云淡，回味很好。

综述：

第一支：严肃；中规中矩；酸度不错，带油脂感。"有雷司令的特点么？""当然有！绝对是雷司令啊。"

第二支：调皮；"'调'字怎么写？哦，你说调情我不就会了么。"非常典型的德国雷司令，让人喜欢的酒。"我觉得它有些不汤不水的，名门望族出的平庸子弟。"

大家觉得哪款品质好一些？或者更喜欢哪款？

结果：盲品小组投给第一款的有5票，投给第二款的也是5票。

揭晓：

第一支：宁夏迦南美地雷司令2013。

第二支：Egon Muller Riesling 2012。

酒庄：

中国葡萄酒有着“一个很长的过去但只有一个相对短的历史”。显而易见的情形是：这些年酒厂的建立过程中我们错过了一些东西，口味、品质都有缺失，直到近年人们才开始正视作为酿酒人本应该有的重要品质：诚恳地种葡萄，诚实地用葡萄来酿葡萄酒。

这只不过是一个梦想：去拥有一个酒庄，早晨起来，去田里拔拔草、剪剪枝，看着葡萄开花、结果，亲手参与收成、酿造，每天都把耳朵贴近橡木桶听发酵的声音……没人了解真要去实现这个梦想需要多大的勇气，她却做到了：迦南美地酒庄庄主王方。

放弃在德国十余年的生活，聘请酿酒师，回乡种地酿酒，只因思念故乡的山水，只为了继承并发扬父辈的事业。

宁夏真的适合种葡萄、酿酒么？外国友人不敢相信她的选择，追踪而至贺兰山下，结果给了她一个外号：“Crazy Fang”。

那么，她的这支酒到底如何？

是一款很成功的白葡萄酒吧，在酿造上可以说没有一点儿错误。怡人的酸度如同漫游的岩羊，准确而迅捷地来去；压榨时带入了一些葡萄梗，给出的微微的苦拓展了余味的宽度，这很好，爽利明快，不粘不滞，洋溢着勇气、理智、青春。

唯有葡萄苗木的来源问题，雷司令葡萄品系繁多，如果以根正苗红的“伊贡穆勒”为标准，这一款酒确实让人感觉是非典型的雷司令，但这并不妨碍它是一款典型好喝的白葡萄酒。

这是一款干净的酒，难道还不足够么？

回头再看德国酒王入门级别的雷司令，想想它的售价，则确实肤浅，没有什么在深处。

第二场对决：新西兰 vs B？

守擂者：Cloudy Bay Te Koko 2011。

酒厂：

“云雾之湾”(Cloudy Bay)酒厂，创立于1985年，位于新西兰南岛北端Marlborough，后被酩悦轩尼诗葡萄酒集团(Moët Hennessy Wine Estates)收归旗下。

“Te Koko”是酿酒团队好奇心引发的产物，把长相思(Sauvignon Blanc)葡萄放进法国橡木桶内，加入天然酵母发酵熟成18个月，装瓶之后再瓶储18个月，才推向市场。这是霞多丽(Chardonnay)而非长相思惯常的酿造方式。

是“云雾之湾”酒厂首先为新西兰酒打响了名声，赢得了声誉。

攻擂者谁？

大家觉得呢？

品酒笔记：

第一支：从香气的暗示可知葡萄品种明显是霞多丽；酒体敦厚扎实，酸度很好，有结构，风味迷人。

第二支：长相思的草本植物、番石榴、百香果等典型气息明明白白地表达自己，无容好奇立足人们立刻就能猜到；香气和口感皆使人体会到橡木桶的影响，也能感受到其具有一定的复杂度。

整体而言两款酒品质都不错。

喜欢程度：十二人的盲品小组6票对6票。

揭晓：

第一支：Domaine Albert Boillot Bourgogne Chardonnay 2011。

第二支：Cloudy Bay Te Koko 2011。

酒庄：

Domaine Albert Boillot成立于17世纪，现由Louis and Raymond Boillot两表兄弟共同拥有，位于勃艮第最漂亮的村庄沃尔内(Volnay)。酒庄历史值得特书的一笔是在19世纪，他们的高曾祖父曾经和巴斯德(Louis Pasteur)一起做过关于葡萄酒酿造问题的研究。

酒庄虽然没有特级田，但是在沃尔内和玻玛(Pommard)却拥有不错的一级田，特别是位于沃尔内村口的一级葡萄田Clos de la Chapelle，以一路之隔的14世纪小教堂为名，说明它是由修道院的修士们开垦出来并流传至今的。

平均树龄不少于30年，葡萄是在极佳的环境中成长并以酚类物质的成熟为标准，实行人手采摘，在维持着极度调和的状态下，培育出来高雅并极具明亮性的葡萄酒。

酿造完成之后会在橡木桶陈酿13个月才装瓶，其中30%为新桶。酒庄生产红、白、气泡酒，年产量两万瓶左右，多卖给世界各地的私人客户。

2007年采收季去的时候，庄主带我们看完玻玛的葡萄园，然后从田间小路上到沃尔内后面的山上，前面广阔肃穆的平原笼罩在一片白茫茫的轻雾之中。沃尔内周边的山丘即便在深秋仍显得那么小巧玲珑、和缓柔美，这里出产的酒也有一种奇特而独有的腼腆。

综述：

第一支：让大家吃惊的是，这仅是一款勃艮第大区级别的酒，无论精细度还是圆润度，这酒都更胜一筹，而且更便宜；几乎没人不喜欢这酒。

第二支：香气保持了长相思的清晰和来自百草园的清新，也极优雅；只是橡木桶使用的效果仍然能感觉到有勉强处，口感结构有些不匀称；有人不喜欢，有人更喜欢。

第三场对决：夏布利 vs C?

守擂者：Moutonne Chablis Grand Cru 2010。

酒园：

夏布利特级园(Chablis Grand Cru)，只占一个 AOC 名额，分为七块田，各自命名。风土的划分与勃艮第大多数葡萄田一样，可追溯至遥远年代西多士教士对土壤的精微辨别。

当然，凡事必有例外，其中 Les Preuses 和 Vaudésir 两块田的相邻处，各有一部分为同一拥有者，合共2.4公顷，名曰“La Moutonne”，虽未得到法国法定产区名称管理局的完全认可，但依然作为“Grand Cru”标注在酒标上。现由勃艮第大酒商 Albert Bichot 家族负责经营。

“La Moutonne”，自从被《神之水滴》黄袍加身，尊为“夏布利的罗马尼·康帝”之后，你认不认都好，大把人跪拜。

夏布利的土壤属石灰质，形成于侏罗纪时期，原为生长着牡蛎、海螺、贝壳等丰饶物种的海床，后随地壳运动升为陆地，特别是特级园区多是这类化石，从而造就了夏布利独特的风土，带给酒以燧石和矿物的风味。

攻擂者谁?

找员女将出马!（猜猜看?）任其称王，还是扫他下马，吾将拭目以待。

品酒笔记：

第一支：香气有橡木桶酿制的霞多丽的典型特质，果味和桶味契合得很好，自然不做作；口感上的油脂感增加了圆润度，酸度亦极好，并不尖锐，却隐隐透露出一丝钢铁般的冷峻凝重；复杂度不突出，质感精细度达到一级以上，回味愉悦舒畅。

第二支：甫入杯有股奇怪的酸馊味，充满迷惑，值得期待么？还真值得，在杯中久了香气开始改变，花香、果味层出，不愉悦的气味程度降低，转向矿石、土壤、蘑菇的气味，是酒中所谓的矿物味的前身么？有意思，有变化，有惊异处的酒。精细度很好，但酒体没达到特级甚至一级的厚度。

综述：

第一支：香气、口感都是很好的一款带“酒脚”发酵风格的勃艮第霞多丽，四平八稳，但没有惊喜处。

第二支：香气多变，酒体亦越来越玲珑细致，只是格局嫌小。

迫不及待地揭晓：

第一支：Moutonne Chablis Grand Cru 2010。

第二支：Leroy Marsannay 2009。

不是这样啊，吃惊！

先入为主确实会给事物判断带来歧点。“Moutonne”的酒曾经带给过我那种“酸馊味”的印象，所以一开始我就把第二支当作是它了，而以为第一支是“Leroy”。

就像被蒙着眼带进熟悉的房子，我们以为很熟悉家具的摆设，其实位置都调换过了……这让我的品尝和判断出现了紊乱。

赶紧让人取过两酒来，从瓶子里再各倒剩下的酒入杯，没有倒错酒，确实就是这样。第一支是特级田，第二支带来了惊喜。

12人的盲品小组之喜欢程度：第一支3票对第二支9票。

真不愧是Leroy！其酒凌厉如疾如风如闪如电，直指爱好者之心，勇夺三军之帅啊！

难道我错误的暗示影响了大家？在揭晓前盲品的讨论环节，虽然从香气和口感的变化来说我也喜欢第二支，而从葡萄酒品质判断的重要指标精细度而言，两酒不相伯仲，但是，葡萄酒的酒体自有浅深厚薄之别，酒体的厚度第一支是超过第二支的。我是基于这一点最后把票投给了第一支。对葡萄酒而言，我喜欢的基础是品质。

虽然我误以为第一支是"Leroy"，甚至暗暗地还挣扎过，揭晓之后大家可能会笑：我竟然喝不出特级园来，而把票投给了村庄级。

盲品需要我们不加入任何倾向性、功利性、价值判断，只关注事实和感官印象。这一次的经验再次证明，盲品时的先入为主真是作茧自缚啊；也再次带给我深深地感悟，从此不再做那个纠结的人。

酒品：

Marsannay是最近Dijon市的一个村镇级AOC产区，区内并无一级田（Premier Cru）和特级田（Grand Cru），曾经主力酿制以Bourgogne冠名的廉价桃红酒（Rose），近些年才转向追求品质，出现了许多让人惊讶的红、白酒。

土壤主要是石灰岩石，混杂含有黄土、黏土、碎石的地段，成为这一产区微气候的重要组分。

主角是 Lalu Bize-Leroy 女士，又是一个被葡萄酒爱好者封神的人物，自幼就具有的品酒天赋、对葡萄田付出的让人诧异的爱、酿酒方面的天才、生物动力法的先行者、所酿葡萄酒卖出的超高价格以及让人嫉妒的数量等等，与酒有情，于人多忤，都让她成为葡萄酒圈里最富争议的人。

“在所有的名声，哪怕是最当之无愧的名声当中，都有数不清的小秘密。”（波德莱尔）

其实这些都应该与我们无关，我们关心的只应该是她装在瓶子里的酒、只应该是倒进杯子的惊讶，而她每每真的都能做到，无论是她自己拥有的园、租借别人的田、收购别人的葡萄再加工……她都能酿出超出葡萄园本身级别的酒，高人一等，真的如此，没有一位酿酒师在其产品中比拉鲁女士更出色地显露自己。

第四场对决：鲁瓦尔河谷 vs D?

守擂者：Domaine Didier Dagueneau Buisson Renard 2011。

庄主：

鲁瓦尔河谷的 Didier Dagueneau 被外面的世界称作“鬼才酿酒师”，在当地却是离经叛道的存在，从他把门口的小径命名为“切·格瓦拉大道”可见一斑。

一脸大胡子的他曾是赛车手，经历过几次严重的车祸不得不解甲归田，回家乡创立了自己的酒庄。不羁的个性决定了他一定不会遵循本地的酿酒传统，而是取诸外，成为勃艮第“酿造之神”Henri Jayer的忠实拥护者，信奉“自然动力”的酿酒理念以及用小橡木桶来发酵和陈年的手法，然后标个吓坏邻居的价钱，并且还真有外国人排队来买。这在当时的鲁瓦尔河谷产区都是叛逆的行径。

这也是为Henri Jayer争光的人之一，当然，也不是谁都高兴把名字和“神”联系在一起的。

2006年，Didier被英国葡萄酒杂志《Decanter》奉为“全球十大白葡萄酒酿酒师”。2008年采收季前，他因滑翔机飞行出意外，英年早逝。酒庄现由他的一双儿女继承、管理，并延续着名声。

他不愿意跟着父辈走，在保守的乡下自己闯出了一条路，现在，他的儿女却只能跟随他。

面对此酒，如何排兵布阵？

“张飞张翼德在此，谁与俺一战！哇咔咔！”这个……这个，恐怕得群殴，单打独斗没人是张飞对手！

那就让我们快快举起酒杯，因为他的酒早早就激起了好奇心——

品酒笔记：

第一支：香气很好，橡木桶的使用大胆而适度，虽然掩盖了果味，但也无妨，大家会说：“因为现在年轻么，过几年就好了，证明有陈年能力。”口感强烈，甜、酸、余味等酒体要素如同“清晰地按音节发音”般显现出来，慢慢地次第出现；有结构、有层次、有棱有角，也表现出复杂感以及强壮的品性；余味悠长。

第二支：香气优雅，紧凑，果味与桶相处良好，平和柔顺；口感圆润而有弹性，有张力，自外而内，予人一种温暖的错觉。“是的，没错，冰冰的白葡萄酒却给人温暖感。”质感细腻紧致，味觉、口感要素仿佛球状的存在；余味清远萧散。果是：藏劲于圆，斯乃得之。

两款都是品酒师们口中的“大酒”。

好吧，答案揭晓：

第一支是：Domaine Didier Dagueneau Buisson Renard 2011。

第二支是：Chateau de Fonsalette Cotes du Rhone Blanc 2005。

酒款：

此酒乃罗纳河谷名庄Chateau Rayas旗下的品牌。葡萄品种以白歌海娜(Grenache Blanc)为主，约占80%，辅以小比例的Clairette和Marsanne。

Grenache Blanc：出身于白歌海娜，是罗纳河谷、鲁西荣(Roussillon)以及西班牙的重要酿酒品种。特点是高酒精和低酸度，酒体软弱，香气以柑橘或草本植物的香为主。

Clairette：属于低酸度、容易氧化、不耐久藏的品种，常用来调和别的品种。多种植在普罗旺斯(Provence)、罗纳河谷和朗格多克(Languedoc)。

Marsanne：是艾美塔基(Hermitage)白葡萄酒的混酿原料之一，容易生长，相对晚熟，酒的酸度一般，但香气丰富，有桃子和柑橘等水果的气味，还有忍冬、山楂花、茉莉花等花香。

综述：

第一支：香气和口感也呈现出长相思的典型性，却无 Cloudy Bay Te Koko 那种牵强造作。在这酒面前我们发现："这是另一回事了，长相思该不该这样酿？"总挑起这样的问题完全是错误的。品种没关系，是否用桶也没关系，会否用桶、会否酿造、了不了解葡萄酒的本质才是基础。

第二支：这酒有一种特殊的风致，面对第一支酒的冲击力，它以高雅的品质和巧妙的质感取胜。让人觉得盲品喝出葡萄品种真的那么重要么？它品质的好坏大家都感受到了，那么舒服，那么有深度，那么让人喜欢。在这酒里大家都喝到了各种卓越的东西，美妙的甜、迷人的酸、温情脉脉。谁都知道这是一款好酒，一款非常好的白葡萄酒，止于此，可否？非要回答用的是什么品种么？

Didier，在他的酒中，他的形象极其强烈地呈现出来。可是，第二支酒，谁是酿酒师？我们并不关心。在这场虚无中的剑术比拼里，无名战胜了有名。

不言自明的东西是无趣的。很多酿酒师没有自己的趣味，而有些酒其实根本不需要酿酒师的趣味，就像这酒向我们证明的，葡萄是自足的。

盲品重要的是不要有预先观念，也不要预设立场。一揭晓答案："哎呀！我以为……"对，经常就是预先的自以为是，带我们偏离了轨道。所以不要急躁。

无论什么样的盲品，形式多么随性，都具有正面的意义，只要尺度在那里。

引领：托斯卡纳葡萄酒的品尝指南

地点：2013年香港美酒展

主题：Toscana之Sangiovese

其他名字包括：Nielluccio，Sangioveto，Sangiovese Grosso，Sangiovese Piccolo，Brunello，Prugnolo Gentile，Morellino。

“我要跟着你喝酒。”

“我今年的目标是意大利酒，你跟着我喝不到法国名庄啊。”

“嗯……没事，以后你可以补偿我。”

“什么逻辑？”

“就这么说定了。走吧，我要找西西里岛的酒喝。”

结果，托斯卡纳协会的展位在一角，酒挺集中，整体水平不佳。

“Consor Zio Del Vino Brunello Di Montalcino联合会”倒是名酒如云，且颇多惊喜之作。

"Vino Nobile Di Montepulciano"则零零散散于各酒庄、酒商展位，细细挖掘也时有发现。

"怎么个喝法？"

"第一轮咱就乱喝吧。"

"乱喝啊？"

"逮住什么喝什么，觉得酒标漂亮就喝酒标漂亮的，觉得小伙漂亮就喝漂亮小伙家的，或者从头开始一排喝过去，总之你随意喝就好。"

"这样啊？不定一个主题？"

"主题不是说了吗，意大利之 Sangiovese。"

"好吧，你乱教，我乱喝。哼哼！"

"不是都考到什么证书的三级了么，来，背点基础知识听听……"

"好吧。"

意大利葡萄酒产地之一的托斯卡纳大区属地中海气候，冬季温和，夏季炎热。主要是连绵起伏的丘陵地形，土壤多为碱性灰质黏土和砂质黏土。最主要的红色品种是桑娇维赛(Sangiovese)，以其为主要酿造原料的其中三个最具代表性的子产区是：蒙达奇诺的布鲁奈罗(Brunello Di Montalcino)、古典奇扬第(Chianti Classico)、蒙代普奇亚诺的贵族(Nobile Del Montepulciano)。

Sangiovese 的克隆系别 Sangiovese Grosso 的一个优秀分支品种在 Montalcino 地区被称为 Brunello(意大利语中意为暗色的小东

西)，即 Brunello Di Montalcino。

传统的 Brunello Di Montalcino 使用单一品种，经手工采摘，并在斯洛文尼亚大木桶中发酵，之后还需瓶中静放至少 4 个月以上。法律规定在采摘后的第五年 1 月前不能投放市场，而 RISERVA 级别则在采摘后的第六年 1 月后方可上市。

新派的酿酒师会将酒放在小橡木桶发酵一段时间，再放回传统的大桶中继续陈酿。

Vino Nobile Di Montepulciano 葡萄酒有着悠久历史，并于 1980 年 7 月 1 日起通过 DOCG 认证，跻身意大利名酒之林。法定品种至少要有 70%的 Prugnolo Gentile(Sangiovese 在当地的名称)和 10%的 Canaiolo Nero 以及其他本地红色品种酿造而成，必须在橡木桶陈酿 2 年，RISERVA 级别则需 3 年，并需至少 6 个月的瓶贮。

Chianti 或许是意大利在世界上最有名的葡萄酒了，其产区几乎涵盖了整个托斯卡纳。法定葡萄品种除了 Sangiovese，还可以加 10%Canaiolo Nero 和 Trebbiano Toscano。

Chianti Classico 法定品种 75%至 100%是 Sangiovese，至多 10%的 Canaiolo Nero，6%的 Trebbiano Toscano。至少需要陈酿 2 年，瓶贮 3 个月。

“有没有错误?”

“数据这个东西你可以去问现场的酒庄工作人员，恐怕每一家说的都不一样。所以别整这些没用的,学习品酒要从酒中学习。杯子准备好了?你来挑,咱把第一杯牺牲给哪一家?”

第一轮:Toscana

主题:何谓好酒

“老师,新酒该如何品尝?香气、味道都没出来,如何判断品质?依然遵循色香味?”

“老酒看表现,新酒靠判断。现在的酿酒技术已经没有秘密可言,很少有酿造错误的酒了,所以对新酒的品质判断方面来说颜色和香气变得没有以前重要。可以忽略外观,香气也不是看它的表现力,而是潜力和深度,重要的是口感判断。”

酸甜苦涩编织着一种联系,这种联系构成了酒体结构的整体性。就葡萄酒品质的口感判断来说,酒体的结构、复杂度、质感、精细度,这几个方面才重要。同样,也不是从口感表现力来做出评判,而是从本质着眼。当然,这是需要磨练的,多喝,多品,向真正懂的人学习,从酒中学习。

“像这样的场合,好酒自己会脱颖而出的,你要让它扎到你,扎到你了你自会知道了。”

“让我们从这张脸开始?”

“哦,Mazzei,这张大脸,好吧。”

Mazzei Philip Toscana IGT 2009

深浓的颜色，稍带蓝调；粉香，花粉伴着香料感，鼻息有灰尘感，也有大量的水果、黑加仑子、雪松等香气，浓郁；酒体精致，中高酸度，平衡佳，品质还好，充满动力感。(90＋)

好吧，作为打分的基准，给这款酒 90 分。结果，了解下来竟然不是 Sangiovese，而是 100％ Cabernet Sauvignon！难怪会有灰尘感。

这让我想起自己曾经写过的话：葡萄酒与土地有一种最朴素的联系，香气、口感都带着产地的风味。“相同产地的不同品种的酒要比不同产地的相同品种的酒更相似。”

原来这是 Mazzei 酒庄献给先祖 Philip Mazzei(1730—1816)的酒款，那是一位充满激情的葡萄种植者、政治思想家和“世界公民”。这款酒也是这家有着古老传统的酒庄，向带动托斯卡纳葡萄酒从平庸走向伟大复兴的面向“新世界”的精神致敬的作品。2008 年是它的第一个年份，24 个月在法国和美国小橡木桶熟成，30％的新桶比例。

这款酒的国际风味和越来越受市场欢迎的趋势，都使得它成为托斯卡纳的明日之星，顺应而来的则是跻身价格最贵的 IGT 酒行列。

真是要刮目再看看、多喝喝了。

Mazzei Castello di Fonterutoli Chianti Classico Riserva “Ser Lapo” 2009

黑暗的深红，有着奇怪而迷人的粉香，黑色水果、黑樱桃、黑莓的香味，伴随着橡木桶给予的树木、森林气息以及烟草、亚洲香料味，甜，热情，有着清晰而强大的结构，富含丹宁，质感粗犷，涩感强，余味长。(92—)

Mazzei酒庄在意大利有着显赫的历史，这款酒又是为了纪念家族其中一位重要的祖先：Ser Lapo。他被称为“奇扬第之父”，因为他是第一次提及“奇扬第葡萄酒”的官方文件的签署者，时为1398年。

2009年是这款酒的首发年份。葡萄品种：90% Sangiovese，5% Cabernet Sauvignon，5% Merlot。

树龄：10—22年。

来自海拔220—510米的葡萄园，土壤以石灰石为主。

全部人手采摘，浸渍时间15—18天，用法国小橡木桶培养最少15个月，50%新桶。年产量20000瓶。2013年2月装瓶，瓶贮之后，6月推向市场。

品酒期间遇酒商拉住我，说：“来这边，有好酒！这家酒庄25周年的庆典酒，非常好。”

好吧，试一下。

Arnaldo' Caprai Montefalgo Sagrantino 2009

丹宁强横，酒体混乱，没组织、没结构。天哪！纪念酒应该是给老顾客的回馈，而不是胡乱搪塞。或许是我粗暴无礼了，好，再喝一口，依然生硬而冒失。好吧，这种酒就是应该在品酒会上被吐掉。（88—）

还是那句话，所谓“好酒”要看谁来说啊。

“好酒”，这是最普遍也是最空洞的评语。时代不同，口味也就不同；时尚不同，标准也就不同。每个人都再三作着评论、说着“好酒”，可是，查找此酒却从无此人。特此道深远，庸昧人多，真知者少耳。如今占统治地位的对“好酒”的判断依然是依循道听途说。

他们的判断力总还是有可以原谅的理由，因为他们喝的酒太少。喝的好酒太少，拜的大师太多。事情就是这样，有什么办法？并不是所有喝酒的人都能分辨酒的好坏，并不是所有做酒的人都能分辨出品质的高低。对酒商而言，受客户欢迎的就是好酒，这里的“好酒”是否就是品质好却很难说。即使对品酒师而言，何谓好酒也是众说纷纭，极少有人能做出准确的评判。“好酒不一定好卖，好卖的不一定就是好酒。”这是很多品酒师常常挂在嘴边的一句话，有着多少无奈，在酒商面前又是多么苍白。很多所谓“好酒”仅是随声附和、风传下去的。

“我知道你对意大利酒有偏见。”

“谁说我有偏见了？”

“‘我有我的偏见’，是你说过的话。”

“好吧，证明你有看我的文章，但这句话可不是针对意大利酒的。”

“什么是好酒，我的客户最常对我说的话是：我明白的，对你们这些专家来说我觉得难喝的酒才是好酒。”

“也有道理。”

“老师，喝了这么久有好酒么？没感到有什么酒扎到我啊！当然，尖锐的酸、刺激的酒精、生涩的丹宁，这些都让很多酒显得扎口，但是这种扎肯定不是你说的扎吧？”

“当然不是。这一堆托斯卡纳？好酒的确不多，勉强也就这两家啊，一老派一新潮，不过稍好的酒款都是国际风味。”

Il Tarocco Chianti Classico 2012

颜色是黑樱桃红色，香气不错，以樱桃、黑李子、蔓越莓等黑色水果为主导，伴随着橡木桶给予的香草、咖啡、巧克力的香，口香、红色水果香也很丰富；口感上展示出充足的活力，年轻，结构精致，回味悠长。（90＋）

这款酒从 1992 年开始生产，葡萄品种：Sangiovese（90％）和 Black Tuscan Canaiolo（10％）。

在不锈钢罐发酵 18—20 天，然后用法国小橡木桶陈年大约 1 年，再瓶贮至少 3 个月，才推向市场。

Torraccia di Presura，年轻而富有活力的新兴酒庄，将热情和智慧撒进葡萄园里，以最新的种植理念和现代化的酿造设备投入到当地传统品种的复兴中，只为求得最高质量标准的葡萄酒。

自从 1989 年酒庄成立以来，所生产的酒款获奖无数，在世界各地都有着很多年轻的崇拜者。

Lucciolaio 2008

深浓的颜色，丰富的花束、水果篮、香料，以及皮革、烟草、巧克力的香，非常舒服，好酒也。入口咸而甜，耐咀嚼，饱满，均衡，好喝，忍不住喝下去。余味有立体感，口香中有香草、巧克力的香味，持久，非常好！（92＋）

Torraccia di Presura 酒庄的又一个流行作品，1994 年首次酿造。葡萄酒品种：Sangiovese(80%)和 Cabernet Sauvignon(20%)。

在不锈钢罐中发酵 22—24 天，每天做 2—3 次的手动搅拌来促进颜色和多酚物质的提取。之后置于法国橡木桶内，经过大约 18 个月的熟成，灌装入瓶，经过至少 6 个月瓶贮才投入市场。

Il Tarocco Docg Chianti Classico Riserva 2008

红宝石色，辛辣，香草、烤榛子的香，成熟的红色水果为主导，有老酒味，不错，好喝。结构清晰、平衡，但不紧凑，不过酒好喝，起码显示出酿酒师对自己的作品是负责的。余味悠长。（90＋）

Il Tarocco Docg Chianti Classico Riserva 2010

少了青涩味，精致的香气，优雅，有花香、果味、玫瑰的香。好喝，值得喝下去。余味长，结构精致化，唯丹宁还是粗犷。(93+)

这款酒从1990年开始生产，葡萄树龄超过10年，在不锈钢罐发酵20—22天，在法国小橡木桶培养超过1年，再瓶贮至少6个月，然后才推向市场。

消费者、酒商、爱好者、收藏家、品酒师、酒评家、酿酒师、庄主……每个人对“好酒”的定义是不一样的，也不必一样。因为葡萄酒本身就是多样性的，有着不同层次的生产目的和消费目的，每一个层次自有其合目的性的好酒标准。毋庸置疑。

在此次酒展我要挑出的好酒指的是：那些具有产地、品种特征，表现出良好的口感结构，并深具复杂度和精细度的卓越酒款。

第二轮：Brunello Di Montalcino

主题：为什么要给葡萄酒打分

Consor Zio Del Vino Brunello Di Montalcino 联合会

Brunello Di Montalcino 的酒零零星星也喝过不少，但大多不尽如人意，难得此次有机会整体喝一遍。同一个产区的酒既有合乎其规范的单一性，又有混乱的多重性，既相似，也迥异，将是个有趣而难得的经验。

Collosorbo Docg Brunello Di Montalcino 2009

生物动力法么？马味、屎味、草莓、水果，混乱！太甜，甚至有狐臭味，一塌糊涂。协调性毫无，但会有人喜欢，因为有些不确定的小东西、小味道、小刺激勾到你的味蕾。很矛盾、纠结，却又是很特别、非常个性的酒款。笨拙、有趣、好玩！但也让人感到异常迷惑。为何会如此？我得承认，我做不出透彻的分析。（85＋）

这款酒是用 100％ Sangiovese 酿造而成，在斯洛文尼亚桶和法国桶熟成，长达 3 年，并且瓶贮至少 8 个月才推向市场。

Tenuta di Collosorbo 是由三位女性倾心管理的酒庄，选择最好地段的葡萄园、人手挑选最好的果实，尊重和崇拜古老的酿造传统，也会根据现代的酿造理念做有针对性的人工干预，以求达到最佳品质。

好吧，这是我 2014 年喝到的最奇特的一款酒了。

La Fiorita Docg Brunello Di Montalcino 2008

香气不明，隐藏未显，香气、口感皆如是。这是出门在外了么？入口甜，有着杏仁般的口香，酸和酒精都强，丹宁稍粗糙，酒体有点松，但品质还不错，空杯香气很好。（90＋）

La Fiorita，成立于 1992 年，是顶级酿酒师 Roberto Cipresso 的作品之一。

Bartoli Giusti Docg Brunello Di Montalcino 2009

石榴红的色调，香气以玫瑰、紫罗兰、矿物感为主，入口结构仿佛有个大洞，干燥，丹宁强烈、细致、硬朗，梨核般的酸，余味涩涩的，有趣，风味强烈持久。100% Sangiovese。(90+)

传统名庄，整个家族与葡萄园、橄榄树、可耕种的土地融合为一体，讲究人与自然的和谐，结合最先进的技术和最好的传统，不断改进葡萄酒的质量。

"看看你的酒评。"

"你看不懂。"

"哼哼!"

"我的意思是字写得不好，没人看得懂写的是啥，就是我自己，时间隔得久了有些字也不认识。"

"哈哈哈!"

"坏笑!"

"好，不笑不笑。有一个问题，我想问的是：给葡萄酒打分真的有意义?"

"好吧，给你念两段酒评：

第一款：新派风格，时尚的红樱桃、醋栗、玫瑰、紫罗兰、雪松的香，酒体显轻，结构紧密，颇细致，未表现。

第二款：深沉的宝石红色，皮革、可可的香，国际风格，口香中有黑加仑子味，产地的典型性分辨不出来，酒好喝，丹宁紧凑，酒体结构稍差，回味里有苦感，有花香，丹宁黏性强。

从文字看你认为这两款酒怎么样，哪款酒好一些？”

“两款应该都不错，第一款好些？你写的这些都是你对酒的印象，不是判断。”

“是的，但是判断自在其中。不过就算我说出自己的判断，你还是无法做出你的判断。但如果我告诉你第一款90分、第二款91分，我不用再说任何字句，你是不是立刻就知道我的判断以及我觉得哪款酒更好了，对不？”

“是的。”

“所以你说为什么要给葡萄酒打分？”

“但是，90分和91分这一分差在哪里我还是不知道啊？”

“这个问题我们先不讨论，而是分数的作用一下子就让酒的品质差变得容易被了解，品酒者也变得容易沟通了。”

“也有道理。”

“什么叫也有道理？就是这样啊。”

很多人不赞同给葡萄酒打分，包括很多国际酒评家。评分的缺席使得葡萄酒所得到的任何叙说、描述、评论似乎总感觉缺少一个具有明见性的环节，无论一款酒多么鲜活具体地、实况性地朝向世界敞开着、显示着它的存在，却始终不足以为我们揭示出这种存在，也不足以为我们揭示出它的自身，它传达的东西常常并没有被领会。散漫无边的文字写得再多其实也并无着落，酒里的很多东西常常不在字面上得到表达，分数虽独断但是一种完结。

“好了，别说话，好好品酒吧，这协会拿了很多好酒来。”

“上轮你让我乱喝，这轮呢？”

“先找基准。这是我给 90 分的酒，你先好好喝喝，香气、口感多感受一下，然后不准吐，要喝下去。”

这是：

Il Poggione Docg Brunello Di Montalcino 2009

“让味觉记住这酒，就有了坐标，比它好的便是 90 分以上酒，比它差的便是 90 分以下的酒。然后这款 91 分的酒，你慢慢体会这 1 分之差吧。”

这是：

Camigliano Docg Brunello Di Montalcino 2009

100% Sangiovese。亮丽的宝石红色，成熟的野生浆果、皮革、肉桂、动物皮毛、咖啡、玫瑰的香，有架构、紧凑、匀称、均匀、优雅、悠长。（91＋）

Casa Raia Docg Brunello Di Montalcino 2009

浓郁的深色，香料般的香气，和之前的酒不同，特别香！入口咸咸的，甜甜的，过瘾，富矿物感，真是别树一帜的风格。（92－）

Casa Raia 坐落在著名的中世纪小镇蒙塔奇诺下方的一个海角上，拥有 1.5 公顷葡萄园和 2 公顷的橄榄树，酿酒师 Pierre Jean Monnoyer 信奉生物动力法的酿造方式，维持生物多样性和葡萄园的自然平衡，不使用任何农药，全部手工采收，利用葡萄本身的自然酵母让发酵自然发生，每天搅桶，以求得对风味物质的充分萃取，苹果酸—乳酸发酵和熟成都使用法国橡木桶，时间长达 4 年。这是一家很棒的酒庄，越来越受市场欢迎，酒的价格也是水涨船高。这款酒的葡萄种植于 1975 年，年产量仅仅 3800 瓶，市场价远远高于 Brunello Di Montalcino 的平均水平。

Fossacolle Docg Brunello Di Montalcino 2009

红色浆果、樱桃、黑云杉、甘草、烤杏仁、烟草的香，入口甜，典型新派风格，好喝，丹宁细致，有着光滑的纹理，坚定的架构，支撑住整个口腔。真是稳重典雅的酒啊。(92+)

这款酒有着有趣的熟化过程，一半的酒会先放入法国橡木桶 1 年，然后再转入斯洛文尼亚桶 1 年，另一半的酒则相反，先放入斯洛文尼亚桶，再转入法国桶。之后酒再放到玻璃内衬的水泥窖稳定 1 年才装瓶，瓶贮 6 个月才上市。

Poggio Antico Docg Brunello Di Montalcino 2008

黝黑深沉的宝石红色，有香料、皮革、红色浆果的香气，古典感，小

甜心，愉悦、轻盈、好喝，集中紧凑，细腻柔和。100％Sangiovese。(93＋)

Poggio Antico Docg Brunello Di Montalcino 2009

波尔多风格，香气、品种产地不明显，国际风，入口酒体轻，细腻，香气在口感、回味中回来，香草，有意思，圆润，质感涩，但柔滑。(93＋)

Poggio Antico是意大利名庄，拥有200公顷的土地，是一片生长着深邃的森林、美丽的草地、充满活力的橄榄树和葡萄园的原野。管理者近些年特别挑选那些富含石块的石灰质土壤地段来扩展葡萄园，酒庄特别强调的是，“我们增加的是葡萄园的面积，但不是产量，重要的事情当然还是保证葡萄酒的质量”。

好吧，这是我蛮喜欢的一家酒庄。

Donatella Cinelli Colombini Docg Brunello Di Montalcino 2007

强烈的宝石红，矿物味、紫罗兰、李子、烟草、香料等香气，结构好，口香果味出来，水果糖、红色浆果，丹宁稍粗，涩，颗粒感，酒精感在余味表现出来，牢固而且具有侵略性的一款酒啊，黏土特性。(93＋)

据说这是一家充满爱恨情仇历史的知名酒庄，有兴趣者自己去挖掘吧。酒倒是不错，酒标也很容易被记住。

La Magia Docg Brunello Di Montalcino 2008

深黑的樱桃红色，香气中矿物感突出，桶的氧化味也明显，古典风格，我喜欢。这是一款有印记的酒，会让人记住。口香、余香都很好。鱼露、咸咸的，很有特点的酒，老桶么？还是桶陈的时间久？我可以不闻不问，只是默写它应有、会有的香气：黑樱桃、红莓果、玫瑰、雪松、烟熏、岩兰草、胡椒等等。紧致，集中，持久，有精心打造的痕迹。（93＋）

Fanti Docg Brunello Di Montalcino 2009

外观鲜亮，咸咸咸！（怪！）黑巧克力、可可、药草，浓缩风味，入口滑，酸度忽然跳出来逗人，可喜，舌上复杂度很好，挑逗舌尖！丝绸般的质感，而且舌面带麻酥感，过瘾，久久不散。不是强烈的、粗放的，而是很柔和、很有节制的，低调但可信。（93＋）

San Giorgio Ugolforte Docg Brunello Di Montalcino 2009

色浅像勃艮第，有些另类，很香，黑莓、樱桃、香草、檀香、软皮革；优雅，结构清晰，幽雅好喝，平衡，细密的丹宁，异峰突出，超优的酒。（94－）

La Gerla Docg Brunello Di Montalc Ino 2009

紫罗兰、白松露、梅子、菌类、矿物的香，好喝，结构不紧，但无缝

隙，甜得迷人，空杯香草味，时尚，喝这酒应该是快乐而轻闲的享受。来得正是时候，这才是好酒！可称之为好酒的酒啊。（94）

Poggio Antico Docg Brunello Di Montalcino Riserva 2006

深浓的石榴红色，古典风格的香气，只是淡弱了，不过还不错。好喝，无压力。时间久了，复杂度出来，越来越好，回味佳。惊讶！侠骨柔肠。花束、成熟的红色浆果、杏仁、咖啡、皮革等等的香气慢慢出来（梅花?），结构感也是慢慢地建立，优雅、柔和、圆润，鲜明的酸度，温润的丹宁质感，有嚼劲的酒体，忍不住给它一次一次地加分，开瓶的89分，然后再加4分，再加1分，直到：（94＋）

这酒并不是高人一头，它只是挤上前去，真是威风凛凛。

Col D'Orcia Docg Brunello Di Montalcino 2006

杯边带有棕色的色调，有老酒味，但掩盖不了典型的黑醋栗、黑樱桃、白松露、潮湿的泥土、蔓越莓、雪茄盒、丁香等香气，却又不沉重，而是风轻云淡感，口感细密绵长，丹宁细腻，结构圆润，令人不得不致以许多敬意的好酒。（94＋）

当地传统的生产商，坚持祖训，在新派的风格侵袭中依然坚守自己稳固的地位，钦佩。

Uccelliera Docg Brunello Di Montalcino 2009

颜色、香气皆深沉，香气、口感皆有矿物感，香气并有潮湿泥土、酸樱桃、紫罗兰（是老酒那种香气表现），国际风，但不过分。有时候我们不是都需要心灵的抚慰吗？这酒香气里有，嗅之者动心，味之者喜爱，非常舒服，good，好喝！结构明晰，紧凑，细致，复杂，持久。好吧，这是95分的酒啊，我已经找了好久！（95＋）

Solaria Brunello Di Montalcino 2009

香气给人年轻、青涩感，紫罗兰、香草、鼠尾草、黑色皮革的香，甚至有肉桂、茴香的余韵，口感很好，温柔，圆润，好喝，非常棒！紧凑，不粘连，脱俗之态独超众类。（95＋）

Cerbaia Docg Brunello Di Montalcino 2008

异常的香，带露的玫瑰、紫罗兰、松露、矿物、岩兰草、雪松的香；丹宁细致，紧凑，非常棒的酒！好喝。某个时期女友的体香，让人沉入回忆、回忆，回忆跳出来抓住你………口香一直是玫瑰，大马士革玫瑰！不敢吐。天鹅绒的质感，精美细致，纯净高雅，对巴罗洛而言这些都是必需的特质。一切大门都敞开着。“如果已来临，即最好。”（96＋）

对酒的鉴赏无须我们去刻意索求，也无须太过用心，将酒倒在杯里便会发生，在视觉、嗅觉、味觉甚至触觉当中，在对色彩、香气、味道以及粗糙、精细的感觉中，它都以一种最大可能的直接性接近我们。重点置于主体所在之处，即我当下的身体感受和历史的品尝经验，从而做出客观的表述和评断。品酒必得从我们身体的主观性和感受性出发，从而唤起生命的可感性。

最后的三款是拥有杰出品质的酒，能够喝到真正让人愉悦的葡萄酒是一种幸福。

第三轮：Vino Nobile Di Montepulciano

主题：高处

和 Toscana 其他地方的 Sangiovese 相比，Vino Nobile Di Montepulciano 有点小家碧玉的感觉，格局小些，但也显得精致些。有多少人能澄明地理解这几个产区之间联系的晦暗处？

“这一区你自己去喝，最后找五款你觉得最好的酒出来。”

“要交功课啊？”

“对了。清楚在这样的场合品酒的方法了吧：定一个主题、定一个基准，划出边界，然后像赶羊一样，好的赶进去，差的踢出来。”

“知道了。”

Bindella Docg Vino Nobile Di Montepulciano 2010

明亮的宝石红色，香气好些，覆盆子、蓝莓、香草、胡椒、樱桃，表

现淡雅，结构均衡，甜美怡人，不错。（90＋）

对酒庄而言，橄榄油或许比葡萄酒的地位更高些？

Boscarelli Docg Vino Nobile Di Montepulciano Riserva 2009

古典风格，香气很好，口感也好，总的来说，好喝。丹宁黏口，坚实、准确，也有个性，有潜质。90％ Sangiovese Prugnolo Gentile 和 10％ Merlot。（90＋）

Crociani Docg Vino Nobile Di Montepulciano Riserva 2010

香气难以表现，结构好，有深度，但香气不知道能否表现出来。有一个隐蔽的居所，大门紧锁。有些人是寡言的，有些酒也是。（90＋）

Vaidipiatta Docg Vino Nobile Di Montepulciano 2011

氧化风味，水果糖般，香气还好，风味也足够，相比同场参展的其他大多酒，其质感也精致些，而且好喝，口感中带有欢快的节奏，适度有趣。（91＋）

Poggio Sant'Enrico Docg Vino Nobile Di Montepulciano 2004

奇怪！年份老的酒倒出来都是黝黑的色泽。老酒香，舒服，香草、皮革，酸度稍弱，使得结构有倾斜，但好喝，有点涩感，不是那么顺滑。（91＋）

Vecchia Cantina Docg Vino Nobile Di Montepulciano 2011

香气好些，虽口感格局有限，丹宁倒精致，品质、风格的表达都还好。（92－）

Contucci Docg Vino Nobile Di Montepulciano 2010

香气表现出来，香草、矿物感，丹宁粘腻，细致，不错，这是优雅的，风味纯净，好喝。（92＋）

葡萄品种：80％ Prugnolo gentile，10％ Canaiolo nero，10％ Colorino。

Montemercurio“Messaggero” Docg Vino Nobile Di Montepulciano 2008

香气慢出，精致幽雅，丹宁细致，结构精致，甜美之核，一会儿化开来，回味颇佳，简洁干净，很棒的酒。（93＋）

Carpineto Docg Vino Nobile Di Montepulciano Riserva 2008

颜色深，黝黑，有黄边；老酒风味，舒服。酱油味，但一摇杯就散去，很好，结构、层次不错，甜得舒服，化开来，好喝，忍不住喝进喉咙！（94＋）

好喝并不是对好酒最高级别的赞美，而是这些酒本身具有结构感和形式感,并且很好地表现出来了。

罗兰·巴特在谈到文学批评时曾经指出,批评家应当重新构造的不是一部作品的“信息”,而只应当是其“系统”(即其形式和结构)的这种主张。

所谓形式是指事物的形状、结构和组织安排等。《美学百科词典》的解释是:“形式作为美学的一个术语,意指一个艺术品的知觉要素,意指要素间的诸关系。”

结构一词在葡萄酒中有两方面的涵义,一个是葡萄酒的结构,一个是葡萄酒的口感结构。西方的品酒术语里面,葡萄酒的结构指的是酒中那些不因时间变化而改变的物质,酸、甜、酒精以及红酒中的丹宁成分,即葡萄酒的物质基础,这属于存在项。葡萄酒的口感结构则是指这些物质在口感上的呈现方式,这属于发生项。

结是联结,构是构造,酒中的各类成分作为信息,被分解为可以分类的内容分析单位,酸甜苦咸鲜等味觉以及触觉之收敛性、酒精感、酒体以及余味等口感元素,各具性质和口感表现,它们的转换变化具有一定的规则,依赖于内在的联系构成一个整体,因此,被赋予结构成为可能。

酒中存在的物质是封闭的却也是真实存在的,能否在杯中显现出来同时又能被饮者觉察,饮者又能否全部或部分地觉察,不确定性在此占了上风。存在项是肯定的,发生项则充满疑问。

重要的问题在于,葡萄酒中的味道及口感元素不是杂乱的、无序的和粗糙的，它们在品尝的过程中是可以被形式化的，是可以被提升到可交流、可理解和可共享的程度的。

巴特在一次晤谈中说："在我的一生中，最使我入迷的事情就是人们使其世界变为可理解性的方式。"(《音粒》第15页)

而这也是我在《葡萄酒入门》一书中所作的努力，建立一套可以使葡萄酒变得更加容易被理解的形式、品鉴系统以及打分体系。

巴特企图确定文学实践中特定的和不可比较的因素。我相信葡萄酒的品尝也可归入从精确科学借取来的形式主义之内，从而使品酒变得可以交流和比较。为葡萄酒品评和打分建立一种准确机制，这是我的企图。

年纪大了么，喝了一天酒，发现对酒的感悟更上一层楼，很多东西一目了然，对酒的品评有了一种普遍性的视野。胸有成竹感原来如此。

从高处投向事物的目光，重要的是观念，而不是信息。

可是，还是觉得缺了些什么啊。好吧，是Barolo啊!

当"Cavallotto Barolo Riserva Bricco Boschis 2006"如威风凛凛的大人物般降临时，我知道了! 97+，这是伟大的酒啊。

桑娇维赛有一种改变不了的粗糙性，精细复杂还得向内比奥罗求索。

何谓伟大的酒? 静听下回分解。

柔情主义：来自勃艮第葡萄酒的印记

一

Domaine Mongeard-Mugneret 庄主夫妇 6 月路经深圳，举办一场品尝会，赶过来请他们吃了个午饭。

2009 年 7 月去勃艮第时拜访过酒庄，只是纯然试酒，并没有和主人约。当时试了十余款酒样，印象里觉得这家的酒竟然如此甜！看看接待处厚厚的一大本留言簿，写满了几乎全是日语的各种赞美辞。哦，原来如此。

“你不喜欢他家的酒？”

“太甜。”

同行者于是看到商机，把酒引进了中国。

就是这样，所谓“葡萄酒专家”其实一向是被拿来做相反决策用的。

说起此渊源，正喝啤酒的庄主笑了，通过酒庄代表思月女士的传译知道，原来他们家的酒从1984年开始就已经卖到日本去了，属于最早一批对日出口商。而从1945年开始出口美国，进口商至今从没换过。

作为Vosne-Romanee镇最大的自耕、自酿式家族酒庄，Mongeard自中世纪始已经在勃艮第拥有田地，17世纪的Romanee酒庄名册就已经出现Mongeard的名字，至今已传八代。以“Mongeard-Mugneret”为名始自1945年，取自现任庄主Vincent Mongeard的祖父与祖母的姓氏合璧。

他们家是勃艮第最早开始用有机肥耕耘的酒庄，也是最早采用以机器利用热蒸发原理去除葡萄浆内多余水分，以省去发酵前用加糖及滴流方式去除多余水分的步骤的酒庄。

其自营的葡萄园大约有32公顷，其中很多属于界限划分非常古老的区块，生产35种法定产区上至特级田下到大区级的葡萄酒。酒庄秉持一视同仁的态度对待每一级别的酒。有些田我去过，有些我遥望过，有些我可以准确地在地图上指出其所在，有些田在哪里我们根本可以不在乎。要了解葡萄酒一定要走去产地？有时候是，有时候不。重点在于主体所在之处，即我当下的身体感受和历史的品尝经验，如此才能作出客观的表述。

酒庄这次带来了十余款酒，虽然近年来在香港、在国内也陆陆续续喝到过不少他们家的酒款，在酒庄试酒时“过甜”的印象倒是消失了，这次有机会一次性审视一家酒庄的酒也是难得。

其两款白葡萄酒甚有特点：淡黄色，花、苹果、烘焙与坚果的香，展示出橡木桶发酵以及保留酒脚带来的风味；酸度中度偏上，清新爽脆，甜从余味中出来，都是平易近人的酒款。

Bourgogne Hautes-Cotes de Nuits Blanc Le Prieure 2012

上夜坡“修道院”干白，葡萄品种霞多丽，平均树龄 35 年，完全除梗，榨汁之后马上进入 600 公升的大橡木桶发酵，会保留一小部分酒脚，来增加复杂度。

Marsannay Clos du Roy 2012

葡萄同样完全除梗，不过是在小橡木桶发酵，低温浸渍 24 小时，利用天然酵母，让其自然发生，最后才混合装瓶。

村子因为离首府第戎近，很多劳动阶层会居住在这里，以前这个产区大量种植佳美葡萄，酿造廉价的酒供应本地的酒吧、餐馆。

庄主于此特别强调：“我们酒标上这个张开的手掌标志显示的就是：劳动人民的手掌。”

酒庄每年会请超过 80 人的采收队伍，这在当地算是大规模了，根据葡萄成熟的情况分时、分段轮流采收。

其红葡萄酒颜色艳丽，色泽稍深；香气卓越，以红色与黑色浆果、樱桃、玫瑰花瓣、土壤以及橡木桶给予的香气为主；口感结构完整清晰，酒体集中紧致，稍甜，但有足够的酸度，给予大多数酒款良好的均衡表现，也有很不错的复杂度，甚具勃艮第的典型性。

Bourgogne Pinot Noir 2010

这款大区级黑皮诺的奢侈之处在于，葡萄来自一片完整的园区，位于 Clos de Vougeot 特级田下方。使用旧橡木桶酿造，果味、葡萄味、皮毛、香水的香，甜酸怡人，过会儿更好，空杯有干玫瑰、茶香，虽说质感稍嫌粗糙，却已远超所处级别的水准了。真是超值之选。

Nuits-Saint-Georges Les Plateaux 2006（90 分）

40 年树龄，人手采摘，100％除梗，35％新橡木桶。

在勃艮第以“夜”（Nuits）为名的酒都摆出一副姿态：我们品质优良，风味强劲，要买好酒？认得我们就已足够。

夜之圣乔治的葡萄田断为村南、村北两区块，南北风格略有差异，北部优雅细腻，南部凝炼刚烈。这块葡萄田位于村南而靠北，虽非一级田却也不会仰视一级田，因为品质颇佳。周边田所酿酒常被刻意用作比赛用酒，因为特色突出，而又南北逢迎，特考品尝者的功夫。

这酒香气沉郁，口感扎实，真心不错。酒体细致，骨架与结构朗畅，在口腔既有面积又呈立体感，恍惚有一种咂吮含在口里的瑞士水果糖般的感觉。果味与矿物感发展得很好，在路上了，当你有足够耐心，买了它收藏，等其继续陈年，将得到更多。

Vosne-Romanee 1er Cru Les Orveaux 2009(92 分)

口感华丽大方,轻盈而具柔性特质,非常好喝的酒。如书法、如绘画之运笔,中锋、侧锋、顺笔、逆笔之抑扬顿挫。我对这酒的甜一向持否定态度,但有时候这种否定却又达到了一种肯定的边缘,那就是它的甜具有那种柔软的温情。10 年后这酒会伤了曾经一起喝过它的情侣的心,我预言。

树龄在 25—50 年之间,人手采摘,100%除梗,12—18 个月橡木桶贮藏期,30%—40%新桶使用率。勃艮第酒庄大部分用的都是西班牙橡木桶,此庄亦然,庄主每年都会亲自去到森林现场,挑选橡木以作储备更新。

酒庄在 Vosne-Romanee 村,庄主祖父则来自 Flagey-Echezeaux 村,所以拥有不少 Flagey-Echezeaux 村的田。

Les Orveaux 这块田大部分归入了特级田 Echezeaux 里面,仅余小部分一级田。此正是这款酒的弥足珍贵之处:一级田的身价,特级田的品质。而来自酒庄的奖赏更多的是这支酒的部分葡萄真的就来自特级田的部分。

Echezeaux Grand Cru 2008(92 分)

40—50 年树龄。6 个月新橡木桶储存,再转入旧橡木桶 12 个月,之后装瓶。腐殖土、皮革的香突出,酒体均衡,也属于好喝的类型,复杂感稍欠,奇怪!哦,以为是老藤那块田,原来不是。

Echezeaux 特级田分持面积最大的是 DRC,然后就是 M - M。

他们的酒还有个特点,土壤营养丰富的田特别是特级田会有这样的一种状况,就是会保留未经授粉的葡萄结子而成的无籽小葡萄,因为皮肉比例大,让酒更浓缩,带来更多的深度。

在谈到 Pinot Noir 的酿造时,Vincent Mongeard 特别强调了适度萃取的重要性,并认为一款好的勃艮第酒应该一酿好就好喝,陈年的过程只是增加更丰富的风味而已。

Echezeaux Grand Cru Vieille Vigne 2007(94 分)

70 年树龄。

仿佛新鲜的樱桃在口腔中爆裂……

这块老藤园区一直是租借别人的,现在拥有者将田捐赠给了博恩济贫医院(Hospices de Beaune)。2011 年是 M - M 酒庄酿造的最后一个年份。

曾经做过 Echezeaux 特级田的横向盲品,这酒无论持久力还是表现力都完胜 DRC Echezeaux。

自此成为绝响。

Richebourg Grand Cru 2005(96 分)

清新脱俗,雅丽出尘,依然是华丽风格,以高雅的品质和巧妙的质感取胜。迷人的紫罗兰、玫瑰的香,零舍不同。入口涩滑顿挫,浓墨皴染，凝重浑厚，含蓄内敛，老藤的紧致、扎实、厚度，一下子就能感受到，既表现出强壮的品性，却又不沉重。依然保持着卓越的新鲜度，没有完全地打开，但纵使垂幔隐真，品质却像锤子砸下来一般地确定。Richebourg 毕竟是 Richebourg。

特级田葡萄酒的特质在于它的精细度，这是它伟大的独一性，衡量其伟大的标准乃在于酿酒师在何种程度上致力于保持并能呈现出这种独一性来，从而能够把他的诗意道说纯粹地保持在酒中。

“在自然面前要谦虚，不要太多人为干预。”酒庄秉持的这一理念在这款酒中得到了最好的体现。

多数酿酒师都强调土地，但却不是每个人都能在酒中表现出土地精神来，没有多少人能真正做到在他们的酒里完美地表现出他们想表现的葡萄田的自然面貌，准确地表现出他们想说的东西。

勃艮第酒的风格也不是一成不变的，近几十年来整个勃艮第气温普遍升高，六七十年代的那种酸涩风格消失了，大家开始在酸甜风格中摸索，更别说市场因素，特别是海外市场，都给勃艮第酒的口味带来了影响。

是的，人类喜欢甜味，在新兴的葡萄酒市场，甜是个引导者，将更多人带入葡萄酒世界。但甜是否是一个好的引导者？

葡萄酒中的甜味物质有两类：一类是糖，来源于葡萄浆果的果糖、葡萄糖，以残糖的形式存在于酒中；另一类糖是酒精发酵过程中的产生物，醇类，包括乙醇。甜也分好的甜和差的甜，关键在于酿酒师的理解以及处理方式。

Mongeard-Mugneret 的酒彻头彻尾地好喝。甜美迷人，各级别、各类型的酒都有此特点，单纯而不贫乏，明快而不生硬，华丽而不俗艳，雄伟而不笨重，每一块田、每一层次的酒于此各得其所。

二

好吧，这是一家光芒四射的酒庄，位于 Chassagne-Montrachet 村，走进去、酿造车间、下到地窖、在幽暗阴凉的品酒室冷冷地品酒，我们仍然可感受到它的光芒，甚至告别出来还要盖章确认一般地遇到从德国开车来的追逐者正举手敲门，只为了想买两瓶酒。肯定不是故意安排，酒庄工作人员也是见怪不怪地那么理直气壮。总之，这是一家会发光、光芒四射的酒庄，就是这么回事。——Bruno Colin 酒庄。

Michel Colin 是出色的 Cote de Beaune 葡萄的种植和酿造家族的第三代继承者，2003 年退休后，将家产分配给了两个儿子：Philippe 和 Bruno。根据发端于古罗马而订立的《拿破仑法典》，父辈要等分财产予子女，由是而产生的典型的勃艮第故事，那就是同一块葡萄田越分越细。Bruno 继承了约 8 公顷的土地，30 块葡萄田，其中 12 块一级田，在有些田区甚至只分得几行葡萄，分布在 5 个村镇：Chassagne-Montrachet，Puligny-Montrachet，Saint-Aubin，Santenay 和 Maranges。

Bruno Colin 几乎只酿白葡萄酒，遵循传统的酿造方法，追求更贴近传统风格的酒款，既体现良好的平衡——无论香气还是质感，又能保持勃艮第霞多丽的矿物感和细致入微的复杂性，同时更深入展现每个葡萄园独特的风土特征。

我是在2010年4月去的，然后，快速地进入品酒程序。没有什么可说明的，没有什么可领悟的，没有什么可解释的。这是一种迅捷的连接。

首先吸引我们的是它的酸。酸是葡萄酒的重要口味物质，分六类，有来自葡萄果实的酒石酸、苹果酸和柠檬酸，以及来自酒精发酵过程中产生的琥珀酸、乳酸和醋酸。

酸是遭误会者，又酸又涩常常是很多人喜欢上葡萄酒的障碍，是对葡萄酒留下的不好印象。酸真的不堪？带伤害性？是，也不是。任何事情都是相对的。

勃艮第酒常常是靠酸度来帮助陈年的，试新酒往往是对牙齿毁灭性的考验，多少次走出酒庄都几乎要马上找面镜子张嘴数牙，担心有几颗已经遗落在杯子里了。

Bruno Colin 的酸却做得非常好，明亮而优雅，被酒体温柔地裹挟着，没表现出即时的伤害性来。

Bourgogne Chardonnay 2008

葡萄全部来自 Chassagne-Montrachet，如果是不那么爱惜名声的酒庄，这酒其实可标上村庄级。酒非常不错，没有经过橡木桶。只是简简单单地展示着它就是一款好酒，无棱无角，一个照面就让人爱上它。

Chassagne-Montrachet 2008

纯洁，干净，明亮，复杂，舌上表现良好，香气四溢，充满口腔，生动活泼，节奏迅疾，有阳光灿烂感，完全没有阴影，简直像拐过街角喜欢的人明眸皓齿地映入眼帘一般让我们满怀喜悦。

Chassagne-Montrachet 1er Cru Morgeot 2008(90 分)

刚装瓶 3 个月，香气口感还没有融合好，酵母、木香、奶油、面包等香气横生侧出，像偷偷走进妈妈厨房的女孩子，每个柜子都打开了一遍。入口酸度强烈，甜感刚刚冒出一点尖尖来，虽然如此却讨喜，因为复杂度也有一些，也表现出来些。

Chassagne-Montrachet 1er Cru La Boudriotte 2008(92 分)

葡萄田靠近村左，圆润肥美，闻起来像鹅肝？有甘油感，滑，先甜，酸慢慢地出来，非常明亮，光彩照人，复杂度也好，在杯中巨细无遗地展开一切，张力弥漫。他的酒里有光，有云，有色彩，流动着。有些酒具有深度，有些有高度，这酒里面有景象。

Chassagne-Montrachet 1er Cru Les Vergers 2008(94 分)

葡萄田靠近村右，邻近 Puligny-Montrachet，酸度强烈，Dry，隐藏的酵母、烟熏味，入口强壮，甜躲着，偷偷地笑面迎人，稍一露脸第一时间便感染到你，表现出一种高级别的干净和丰富的状态来，婀娜中保持着刚劲，圆浑润丽却不流于柔媚。

酒庄认为对一块好的葡萄田来说土壤、坡度是最重要的因素。是这样的。

Puligny-Montrachet 1er La Truffiere 2008(95 分)

鲜美怡人，酵母、烘烤味，蜜瓜、温饽、白桃的香，香气变化多，非常棒！精致的结构，清新的酒体要素，毫不留情，却在空杯留香。越接近村右，风格越优雅，浑圆无圭角，能感到从肥美走进优雅的一个过程。只是一滴也好——这酒竟予人这种感觉。

平均 40 年树龄，控制产量，比别家少很多。

多么新鲜、多么有活力的酒，我们在杯子里喝到各种卓越的东西：美妙的酸度，隐而不显的甜，良好的结构，美妙的矿物味，这些都是对葡萄田风土的真实展现，并带给舌面凛冽而尽兴的质感的流畅。它是个完善者，无所需求，无须我来说好。给人净化与圆融的美感，好酒真的是哪怕只一滴也有味道！

真正是有才能的酿酒师啊。显然，Bruno 先生是真诚地热爱葡萄园、热爱收成的葡萄，酿造的时候也怀着同等的感情，对他准确地感觉到的东西是酿造得很好的，可是通过他的酒依然能感受到他的酿造技术超越了葡萄所能承载的，起码新年份是如此，至于陈年之后葡萄田原本的精神能否脱颖而出需待证明，不过我想，对他的酒来说这应该不是什么问题。

他的酒制作精良，他是个出色的酿造家。他在酒窖里刻意留有一桶有着透明侧面的橡木桶，让到访者可以看到发酵进行中的葡萄酒。目标和标准乃是形式化的、可订造的，他的技术的精准始终具有无比的优越性。他酿的酒有力，是闪光的、干净的，在酒窖、在市场上遇到的酒都是如此，太精确，太克己复礼，结构总是清晰的、完美的，风格是严肃和精炼的，司空见惯的面孔，没有起伏波澜，靠其深不可测的纯洁和力量使我们发出声声惊叹。

三

相比前两家都是在市场上受到欢迎的风格，其实我更想念这一家——Domaine Doudet。

酒庄始建于 1849 年，Savigny-Les-Beaune 村，至今仍然在同一个家庭的手中，目前由 Isabelle Doudet 女士负责酒庄运营。酒庄在 Aloxe-Corton、Beaune、Savigny-les-Beaune 和 Pernand Vergelesses 皆拥有上佳地块的葡萄田，并且保留了一些非常古老的葡萄树。

他们家一直采用有机的种植方式，条件适合的葡萄园甚至用马犁田。尊重传统，不崇尚所谓大的、浓重的、妖艳的现代口味，这不是人、庄主或酿酒师的坚持，而是 terroir、是葡萄田的坚持，而且他们的葡萄田更要求酿造需要通过岁月的窖藏才会透露其最终性格和风味的葡萄酒。秉持这一理念，酒庄累积了完整而丰富的年份酒的储备，早期的年份甚至可以追溯到上世纪初。

我也是在 2010 年 4 月有幸去拜访该酒庄的。

Bourgogne Chardonnay Vicomte 2008

清新自然，很好，没有经过橡木桶，逗起唾液，干净利落，就像庄主的风格。（招待我们试酒的是老庄主，一头银发的他江湖传说年轻时差点和 Lalu Bize-Leroy 结婚。）

Pernand-Vergelesses 1er Cru Sous Fretille Vieille Vigne Blanc 2008

年产量 2000 瓶，市场上很少见到，主要是和老客户分享。约 15 欧的定价。

很结实的口感，香气清新，入口活泼，但舌面板实平坦，没有质感。酒有疏离，反而亲切。我们不能拒绝先喝上两杯的快乐。

Savigny-Les-Beaune 1er Cru En Redrescul Monopole Blanc 2006(91 分)

葡萄田的名字是"翘屁股"的意思，坡度陡峭故。哈哈！

很香，清爽型，花与矿物奇妙的组合。燧石气息、烟熏味，甜度很好，酸度亦足够，透彻明晰，这酒靠着它响亮的酸度和机灵的酒精让人喜欢，打动我心。15.5欧。

Corton Charlemagne Grand Cru 2007(93分)

奶油、好的桶香，酒体中上，酸甜平衡颇佳，复杂感强，香肌柔骨，余味中长。葡萄都是人手挑选，很纯净，很是柔和、很有节制，在前进的路上，走向成熟，走向完美。40欧。

Bourgogne Piont Noir 2007

有点甜，丹宁感也好。2008年则鲜爽很多，酸度也不尖锐。

Aloxe-Corton Les Guerets 1er Cru 2008(91分)

70年老藤。年轻时比较严肃，丹宁有砂质感，纱质；香气还好，不复杂；甜酸都不过分，挺好。在杯中敞开朴素与单纯，给人一种稳健感，结构匀称、结实，如同大步流星的男子向你走来，以其不讨好人的姿态而讨好了人。

Corton Marechaudes Grand Cru 2008(92分)

香气都很迷人，但不张扬、不过分暴露。(此时头有些疼，试了几家新酒残留了二氧化硫反应。新酒的品鉴是一件讨厌的活计，并无甜头可尝。)酒体中度偏重，甜度很细腻，要懂才会这样说。酸不暴露，丹宁黏人，细腻，都没有泥土味。

酒越来越好,渐入佳境。

Pernand-Vergelesses 1er Cru Les Fichots Vieille Vigne 2006(92 分)

香气依然是淡淡地发出,口感的甜也好,不浓重,丹宁感却加重了,细腻黏口,真是细致而狡猾的混合。

Savigny-Les-Beaune 1er Cru Les Guettes 2000(93 分)

芬芳宜人,妙不可言,入口甜,丹宁紧涩,柔软细致,酿酒师用朴实得近乎低声细语的手法,把酒酿得不偏不倚,恰到好处,结构隐约而深刻。谁感觉到了它那微妙深刻的实质?

Maison M. Doudet-Naudin Vosne-Romanee 1973(94 分)

铅红边缘,松脂、干果、蜜蜡的香;入口酒体稍轻,甜,柔软,但有力;香气可能没有老年波尔多那么多层次变化,但甜美过之;丹宁仍能感觉到,那种在上下腭间的存在感,坚实体贴;酸甜的平衡让味觉甚至灵魂都感到愉快!

空杯甜蜜,非常棒!甜蜜吸引,非常好!很好看,很好闻,很好喝。

香气口感也有变化,松树、动物皮毛的香,似巴罗洛,又很波尔多,但毕竟是勃艮第,甜美一以贯之,以淡漠方式与人为善。棒极!

庄主再取一瓶酒来,它绵软而肉感,它很像过去,果然!Maison

M. Doudet-Naudin Chambolle-Musigny 1966(95)。

酒标后贴，木塞换过，瓶子也没有擦洗。

酒在杯中是牛肝菌的香，萝卜、人参、辛香，甚至有波特酒的Nose；口感甜，味道也不是太多，但并没有流于软弱，丹宁也仍在，是沙质感，折磨着你的味蕾、触觉、心，一滴也味全。

面对某些酒缺乏语言，就是这样。

“当初不觉得好喝，丹宁重、涩，只好放一边。后来打开一试：哇！”

“现在好喝多了！”

“是的。”

很多时候葡萄酒爱好者为了一款酒能否陈年、适不适合现在喝而争论不休，那是在香港、在深圳、在上海，如果有幸身处Domaine Doudet的酒窖，一定不起这样的争端。那么多老酒，那么多新酒，当下的好不好喝真的重要么？

人人都有对远方事物的好奇之心，美好的时代一定是我们经历过的，而又有东西能带我们回头，以酒为马。那时候没有人敢说自己懂得了所有葡萄田里的秘密，所有昏暗酒窖里的密谋，而只是跟随葡萄的收成，尽己所能尽量做到最好，懂得不多，做得不多。现在的酿造者则是懂得太多，也做得太多。

一款做出来的酒和一款完成的酒之间有着多大的分别啊。“做出来的东西是不完全的东西，一件很好地完成的东西可以根本不是做出来的东西。”1973 年和 1966 年这两支酒，就是完成了的酒。

勃艮第酒，无论酸甜涩，新酒时不好喝，陈年后也可以变得好喝，付出的是岁月，最后都走向柔和，无意的柔情万种。

我必得节制自己的感性，精简自己的文字，但是，不，这是不可能的，即使我用再多的文字也无法传达出这酒给我的真实而微妙的感觉。正是这种感觉构成了它的魅力，那种柔情：由糖、酒精、甘油等引起的甜味，带来舒适、圆润、和谐的感觉，表现为口感的柔和性，可用柔软、柔和、柔顺来形容。

酒能够打开我们对整个世界的感触，可是，酒里的柔情，我们称之为具有吸引力的东西，我们还不能理解它的实质，它以一种最迷惑人的方式吸引了我们。无意于佳乃佳耳。

四、 小结

回顾了曾经去过的三家勃艮第的酒庄，查看了这么多酒款的品尝笔记，我得承认自己并非一个专业的严谨的学院派品酒师。我像我的许多朋友一样，也不止一次地想把自己封闭在一个体系之内，以便舒舒服服地跟随行业大师们订下的标准相互鼓吹，但是我做不到。以一套范例的品酒语言来描述颜色、香气、口感，那太容易了，也太专横。品酒是一种神奇的活动，不该被规定。

事实上，我并不想写一篇对任何一个酒庄所有出品的详细分析文章，也不想对一个地区进行全面的评估，而只打算去采取一种观点，即我自己对葡萄酒的理解，既私人又公正。一个人才神秘而自由。

对一家酒庄的出品进行横向的品饮，不仅意味着可以得到对这家酒庄的总体印象，也能揭示出一段历史：来自葡萄酒自身的历史，也是酒庄、酿酒师的观念、精神和哲学的历史。在这里，历史并非意指一段曾经发生过的往事，亦非一段前因后果的由来，而是表现为一种奠基与传承，表现为一种沉积与流变的延续性和差异性。在杯中此时此刻所呈现的都展现出酒庄历史性的特征，每一杯酒都不是独立自存的，都附带着自其发源处一路走来的历程和其将要前往的方向。

不是说这三家就是我推荐的酒庄了，事实上我并不例外，和大家一样也认为勃艮第葡萄酒的本质是土地、是葡萄田。更有名的酒庄也去过，糟糕的酒庄当然也更多。对名家的颂扬早已成为陈词滥调，很多人只和名庄打交道，但他们并没有具备足以品尝名家所酿之酒所需的理解力。

在这个种植和酿造都没有秘密可言的年代，靠什么一分高下？那就是酒庄的态度。

这三家酒庄的酒集体性地感动过我，不只是一两款、某一块名田。是酒、是酒所带出的葡萄田的多样性打动了我，不是人，我不交朋友。

罗兰·巴特主张“作者之死”，提倡将作者形象从文学研究和批评思想的中心地位中删除。葡萄酒方面亦当作如是观。我们喝的是酒而不是庄主。酿酒师的脚步没有他的酒走得那么远。

“某个东西如其所是地是什么，我们称之为它的本质。”(海德格尔)勃艮第酒的本质永远是土地，葡萄田的风格。

勃艮第葡萄田的等级划分虽然有些矫饰，不过也使规范可见，这套规范在既定的范畴内还是由品质决定，虽然有些理想化。饮者需要在立法下的品质和酒在杯中的真实表现之间寻求平衡，与发自内心的感受相比，饮者不需要高估酿酒师的价值。波德莱尔说：“我满足于感觉。”品酒必得是从自身的感受出发，把握酒杯中的可感性。何谓好酒？人人都可以随便说些什么。

——该赞美的依然是勃艮第这块神奇的土地。

伟大的巴罗洛

Nebbiolo(内比奥罗),其他名称: Piedmont Nebbiolo, Carema Nebbiolo, Nebieul, Nebieu, Spanna, Picoutener, Chiavennasca。

这种葡萄一千多年前已经在当地被提及,但名字的来源却不确定。一些人说它来自“nebbia”,“雾”的意思,因为葡萄成熟时表皮会附着一层雾蒙蒙的白霜;一些人说这是一种晚熟的品种,采收时葡萄田所在的丘陵已经处于薄雾笼罩的秋天了,由是得名;一些人说它的名字其实来自“noble”,“贵族”之意,因为用它酿出的酒是:“generous, strong and sweet”。

内比奥罗是意大利西北部皮尔蒙特最著名的高品质红葡萄品种,特点是其强烈的丹宁、高的酸度和独特的香味,经常被描述为“焦油和玫瑰”。其另一个特点则是随着时间的推移酒体会失去它的红颜色,而有转向棕橙色调的倾向。即使如此,酒依然有着非凡的陈年能力,正是这种葡萄成就了伟大的巴罗洛(Barolo)葡萄酒。

对风土敏感是内比奥罗值得尊重的优点,它之所以吸引我们正因为它是能忠诚传达其出处的品种。阿尔卑斯山脚谜一样的雾岚、起伏跌宕的山谷、葡萄种植者一千年的守护……培育了它贵族的特质,而它也总能带出这些印记给我们,只要你有相同的感受力。也是这样的原因,使得它很难在别的产地推而广之,却也增加了它的诱惑力。

佛罗伦萨的哲学家马尔西诺·菲奇诺认为:人具有六种方法,即五种官能和一种理解力,可达至对美的认知。五种官能是视觉、听觉、味觉、嗅觉和触觉。

对酒的品尝也是如此,是通过感官的认知达至对酒品的鉴赏的。

在葡萄酒的世界中,鉴赏指的是对杯中酒的风格、品质和魅力的鉴别和赏析。

品酒必得先去了解酒中的成分、品质、关系和奥秘,不同的酒款,那些细微的差异常常难以得到充分的辨析。酒评家不但必须用专业的术语去描述酒,更要求能够知道如何去判断酒,以达至正确理解酒。经验来自多喝多品多交流,能够从色香味格几个方面去解释酒,重要的是一定得学会如何做出口感判断。

“格”,原指方形的框子,如窗格,比喻为一定的量度,引申为法式和标准。如《礼记·缁衣》有“言有物而行有格”。郑玄注:“格,旧法也。”格指的是一定的体式、标准。

巴罗洛酒有它自己的展示方式及标准，和其他地方的葡萄酒相比，我们得调整自己的品尝方式去迎合它，唯如此才能更好地理解它。

很多人抱怨它的酸度是凛冽的，它的丹宁是强悍的，它的适饮期是把握不住的，抱怨了很多年。是运气不好吧，没有遇上一支让人感动的巴罗洛。

巴罗洛的口感秩序是清晰的，内比奥罗那强壮的品性，酸与丹宁，肩并着肩，遗世而独立。好的巴罗洛长处总是一样的，严肃，坚实，杯子里面总是有落叶、苔藓、潮湿的泥土、玫瑰、紫罗兰、情人的体香……杰出的巴罗洛总是结构宏大、层次分明，但一定是有着深层的东西，雄赳赳、气昂昂，威风凛凛。所谓深层乃是事物之本质，事物之深层次的存在不是表面的诸成分、诸属性之集合，而是在其审美范畴之内更高级的提升。

葡萄酒给我们的是具体的感官感受、体验，强调的是审美的超越性，敞开感官感受到感受的多样性，以具体形象来表达感受到的种种意味，然后达到超越形质的境界美，达至深邃。

以下是我在 2014 年喝到的给我留下印记的六家巴罗洛酒庄，现在，让我们续写传奇。

这一只犀牛：犀牛庄

La Spinetta Vigneto Garretti Barolo Docg 2009

品酒笔记：颜色典型，氧化感，紫罗兰、覆盆子的香，古典，有内核，大酒，结构宏伟，品质和风格都贯彻得还好，坚实有力而易饮。此酒的香气口感能反映出名庄在处理手法上及应对市场时讨好消费者的轻巧行径。(KU90－)

第一个年份在2006年，年产8000瓶。浸渍约10天，于木桶中发酵，一半新桶一半旧桶，完成后经过20个月法国大桶的熟成，转入大不锈钢罐稳定3个月才装瓶，再经过12个月的瓶贮才推向市场。

La Spinetta Vigneto Campe' Barolo Docg 2008

品酒笔记：氧化感，古典风味，红莓、紫罗兰的香，温柔，余味好，细致，很不错。挑逗性没有，攻击性强。直到空杯，才突然地、意外地给出了它的真面目，这的确是巴罗洛啊。(KU94)

位于皮尔蒙特巴罗洛南向山坡上的葡萄园海拔280米，园中的土壤成分主要是钙质土，树龄35—45年。第一个年份在2000年，年产9500瓶。浸渍约7—8天，于新木桶中发酵，完成后经过20个月中度烘焙的法国桶的熟成，转入大不锈钢罐稳定3个月才装瓶，再经过12个月的瓶贮，然后推向市场。

La Spinetta酒庄：阿根廷移民回乡创业的励志故事，酒庄于1977年成立，意为“山峰”，因为酒标是一只犀牛的图案，俗称“犀牛庄”。随着规模不断地壮大，其收购的葡萄园位于皮尔蒙特和托斯卡纳等多个产区，跻身意大利名庄之林。该庄推崇现代的酿造理念，生产迎合大众口味的葡萄酒。

这一只犀牛：纯粹只是因为庄主的个人喜好，选择了文艺复兴时期、日耳曼最伟大画家排名第一的杜勒的版画作品作为酒标。这幅画记录的是从印度运到葡萄牙的一头犀牛，这是当时葡萄牙的印度总督送给国王的礼物，也是这种动物第一次活生生地踏上欧洲大陆。1515 年杜勒根据其他画家的速写稿临摹而创作了这幅犀牛版画，成为此后 300 年欧洲教科书上犀牛的范本。即使这只犀牛背上其实多了一只角，也没有人探究，因为——这是杜勒画的！如果看过杜勒画的兔子，甚至一丛杂草，任谁也不会怀疑他画笔的传真程度。当酒庄开始生产 Barolo 时，也选择了杜勒的一幅铅笔画“狮子”来做酒标。

这算是一种才能么，这家酒庄好的葡萄田酿的酒都还好，差的葡萄田酿的酒都很差。“犀牛”标的酒真是乏善可陈，“狮子”标的酒也就这两款还值得一喝。

总统酒庄

Poderi Luigi Einaudi Terlo Barolo Docg 2010

品酒笔记：香气不显，深藏功与名，入口咸，有些花束、甘草、李子、皮革、黑巧克力味，结构、口感还行，中规中矩，还好。确实有一些值得称赞的特质，然而依然是第二流的作品。（KU89）

浸渍时间 10—12 天，在不锈钢罐控温发酵，30 个月的木桶熟成，再经过半年的瓶贮。年产量大约 1.4 万瓶。

Poderi Luigi Einaudi Barolo Cannubi 2010

品酒笔记：明亮的颜色，香气馥郁，水果、香料的香，苦感突出，品质还好，结构也紧凑，丹宁笨重而平淡。没有特别迷人之处，在杯中它使出浑身解数，依然吸引不了我。(KU91－)

葡萄园来自富含砂砾的石灰石黏土，发酵完成后在小橡木桶熟成18个月，然后在大桶熟成12个月，最后再经历半年的瓶贮才推出。年产量1.2万瓶。

Poderi Luigi Einaudi Barolo Terlo Vigna Costa Grimaldi 2010

品酒笔记：香气未出，入口咸，没有太多吸引人的地方，苦味出来，丹宁强，干涩，辛辣。像长着一双大脚、站在那里的男人，筋骨发达，谁也不想靠上前去。(KU92－)

浸渍时间20—22天，在不锈钢罐控温发酵，30个月的木桶熟成，再经过半年的瓶贮。年产量大约7000瓶。

Poderi Luigi Einaudi又被称作“总统酒庄”，庄主Luigi Einaudi先生，一位阿尔卑斯山脚下的农民，身份从乡下的酿酒人、记者、导演、珍本书收藏家，直至参议员、意大利银行总监、州长，最终于1948年至1955年间担任意大利共和国第二任总统，以重建二战后的经济而闻名，生平对于意大利经济和政治都贡献极大，被奉为20世纪的联邦制度大师之一。

1897年他获得了第一块土地：San Giacomo，建立了自己的葡萄园，以此为家，即使后来成了总统，也从来没有缺席过收获季节。现在，酒庄由他的两个外孙 Matteo Sardagna 和 Giorgio Ruffo 打理，他们继续把外祖父的酿酒激情延续下去。

真是政治家酿的酒啊，是的，酒里有力量，但明显缺乏甜美、柔顺、可爱、趣味的成分。他的酿造技术是熟练的，但不是独特的。这么说并不是在贬低它的荣耀，我的评价是软弱无力的，仅仅只是个人感官的感受。

古典与现代

Palladino Barolo Docg del Comune di Serralunga d'Alba 2010

品酒笔记：石榴红，边缘也有橙色调的暗示，很好的香气，花束、水果，不错。中段咸。丹宁特细致、紧缩。像米芾说："怀素书如壮士拔剑，神采动人，而回旋进退，莫不中节。"(KU91)

葡萄园属钙质黏土，温和的小气候，在控温不锈钢桶中发酵20—22天，第二年5月转入斯洛文尼亚大橡木桶熟成2年。

Palladino Viga Broglio Barolo Docg 2005

品酒笔记：颜色已经带有橙红，有些药香、灌木、紫罗兰，一些老酒味，小姑娘篮子里的蘑菇香，这地地道道的是巴罗洛啊，是一款大酒。唯太平稳，应师法自然，将阿尔卑斯山的峰峦起伏带进酒里才好。(KU92)

南和东南向的葡萄园，钙质黏土，温和的小气候。在控温的不锈钢桶中发酵20—22天，第二年5月安置到法国和葡萄牙橡木桶熟成两年，其中一半是新桶。

Azienda Vinicola Palladino：很多人心目中的有着悠久历史的酒庄形象，规模蛮大，除了自己的葡萄园也会收购其他一些小的种植者的葡萄。重视葡萄园，看重细节，尊重传统，酿造受国际市场欢迎的酒款，古典和现代的结合，这是酒庄的理念。

漂亮的酸

Brovia Villero Barolo Docg 2009

品酒笔记：香气好，紫罗兰、黑色水果、玫瑰，强而不横，良好的酸度，温和的丹宁，柔润的甜感，架构也紧凑，口香里竟有肉香！出奇地独特，尤其是酒体之柔软处，竟然有女性特质。细腻，消费者是否知道要达到如此是何等困难？这是一款市场会受欢迎的酒。(KU92)

Brovia Ca'Mia Barolo Docg 2009

品酒笔记：表面的香没什么，底层的香是香草、甘草、枣、辛香料，醒酒之后会好，丹宁强，稍苦，稳妥有力，结构大但少了华丽感。在杯中它说得实在太多，同时又太少。有诗意的人也能喝出诗意来。(KU94－)

Brovia 酒庄：成立于 1863 年，一直属于家族经营，在巴罗洛的优质子产区拥有优秀的地块，注重风土、传承和毫不妥协的态度，坚持酿造反映葡萄田本质特性的葡萄酒。

这家酒庄的酒是香港黄慕德老师介绍认识的，一直都能保持水准。印象最深的是，每次喝它时酸总是首先浮现出来的东西，它在一一相续的味觉元素中占据应在的位置，并跟随着口感持续，直到最后一口、直到空杯，“登高回首坡垅隔，惟见乌帽出复没”，依然存在。

Renato Ratti 先生

Renato Ratti Barolo Docg Marcenasco 2010

品酒笔记：石榴红色，木香、果香、烟草，入口稍甜，简单，丹宁在，中后段的香气很特别，能让人留下印象。让人期待酒庄更好的作品。(KU88)

第一个年份为 1965 年。平均浸渍时间：7—10 天，橡木桶 2 年。年产量大约 5 万瓶。

Renato Ratti Barolo Docg Conca 2010

品酒笔记：艳丽的石榴红色，胭脂水粉、红莓果、甘草、雪松的香，入口甜，迷人可口，丹宁强而深沉，支撑起整个口腔，有洞开感。酿酒师肯定是有才能的，懂得何谓结构和如何编排香气、口感的甜

美。(KU89)

第一个年份为1965年。平均浸渍时间：7—10天，法国橡木桶2年熟成。年产量据说只有3000瓶。葡萄园位于本笃会在当地开垦的最早的葡萄园区域。

Renato Ratti Barolo Docg Rocche Dell' Annunziata 2009

品酒笔记：有木桶底层的味道，咸咸的，漂亮的木香！檀香、黄玫瑰、烟丝，果味也好，架构表现出来，同样有撑搭的那种支架感，当然，它不会表现为多少米高、多少米宽。这酒仿佛一个以沉思默想为事的哲学家，有洞察力的人能感觉到酒体之中的洞开感，有趣味的人能感觉到它会带来的趣味。酒的结构是否合规，更重要的是能否传达出其内在的精神与情感。好酒必定能够超越感官层面的享受，引领我们关注审美的更高层面即精神的愉悦。而且此酒真是好喝！只是气魄略逊一筹。好！(KU95)

Renato Ratti Barolo Docg Rocche Dell' Annunziata 2007

品酒笔记：像一幅卷轴画，一点一点地展开时，便次第显现出风格、特征来，开始、结局、次序、局部、整体，露出面目。有甜酸的莓果香味，更迷人！没有桶底味，更耐存。香气很棒，没有老味，比2009年更舒服。口感佳，强横复杂，一下子就将人带上了高处。这是属于顶峰滋味的酒，未曾喝过的、微妙的，充满非凡的、庄严的魅力。请注意，威廉·荷加斯在《美的分析》中如是说："美取决于连绵不断的多样性。"正是香气、口感的变化如同一条连绵起伏的曲线引导我们去追逐葡萄酒无限的多样性。我对酒的评分绝非什么定论，我越真诚就越须加以解释。这款酒自有一种不由分说的派头，能使我说些什么。巴罗洛：这是英雄时代的君王，具有扫荡四方、平定天下的霸气。(KU97)

Renato Ratti Winery：Renato Ratti 先生在意大利葡萄酒界属于文艺复兴式的人物，自少移民巴西，1965 年返回皮尔蒙特购买了第一块葡萄田，原本属于历史悠久的修道院的产业，他创造了他的第一个单一葡萄园：Marcenasco Barolo。

他尊重历史，提倡回归土地的理念，却又积极改良种植和酿造技术，细化葡萄园，精心挑选果实，完善酒窖设备，缩短发酵和浸渍的时间为平均 7 天，橡木桶中的陈化也减少至 2 年，而强调瓶中的熟成。对葡萄酒的品质诉求着重于对土地的忠诚表达，口感的顺滑和优雅以及陈年能力。

他是作家，写了很多关于意大利和皮尔蒙特葡萄酒的书籍；也是历史学家，建立了葡萄酒博物馆；更是皮尔蒙特和意大利葡萄酒复兴的主要推手之一，积极参与"DOCG"的起草和完善。1988 年去世之后，公司由他的儿子 Pietro Ratti 继承。

白马森林 Cabernet Franc

品丽珠（Cabernet Franc）：赤霞珠（Cabernet Sauvignon）的父系，以法国波尔多区的最为出名，但只是作为配角的身份存在着。其他名称有 Brenton，Carmenet，Bouchet，Gross-Bouchet，Grosse-Vidure，Bouchy，Noir-Dur，Messange Rouge，Bordo，Cabernet Frank 以及 Trouchet Noir 等。

因为它比较早熟，适合较冷的气候，丹宁和酸度含量低，以单一品种酿出的酒 Body 不是太充分，适合浅龄时饮用，而陈年能力稍差。但是，葡萄本身含有的呈香成分足够，表现在酒里以草本植物、香草、覆盆子、紫罗兰以及非常特别的削铅笔时的味道而出名，在口感的表现上以肉质丰厚为其特色，在赤霞珠收成不好的年份可以起到挽救收成的作用。由于出身相似，在架构和味道方面它可以增加赤霞珠的宽广度，更补充修饰了雄壮粗犷的赤霞珠稍欠缺的高雅细致之处。缺点是稍欠成熟的时候便会把青涩的枝梗味，以及灌木或者森林的野性气息带进酒里。

在赤霞珠光芒的笼罩之下，品丽珠怎么说听上去都像是迈克尔·乔丹（Michael Jordan）身边的斯科蒂·皮蓬（Scottie Pippen）似的。

在美国、澳大利亚等新世界产地，由于气候适合赤霞珠的足够成熟，品丽珠更是备受忽略的品种，只是在法国北部产区鲁瓦尔河谷（Loire Valley）以及气候更凉爽的中欧如匈牙利、意大利等地才会以单品种的本来面目亮相，酿出的常常也只是差强人意的酒款。

有一次在上海，酒友海牙带了一瓶酒让大家盲品，给的提示是说比较稀少的葡萄品种，结果产地大多数人都猜出是澳大利亚。在香气里面我察觉到 Cabernet 性系的特点，但说到稀少性 Cabernet Sauvignon 肯定排除了，Cabernet Franc 也不能说稀少啊。我在笔记上写下 Cabernet，然后打了个问号。

结果真的是澳大利亚酒，混合型的，含有相当比例的品丽珠。

自己喝太多波尔多酒，从来没把品丽珠当作稀少的品种，毕竟大多的波尔多酒都有品丽珠的成分，即使不是主角，更不要说美国、澳大利亚、智利等地复制的“波尔多形态”的经验了。但是，消失在巨人的阴影里的印象却是不容易消除的啊，即使在几许波尔多名庄酒的品酒笔记里，品丽珠真的是常常可以忽略的存在。

单品种的品丽珠特意去品的时候不多，偶然遇到让人惊讶的倒是印象深刻。5 月于香港 HOFEX 2009 展会侍酒师大赛上所用的一款酒就是这样，来自匈牙利南部产区 Villany 的翁德里酒庄。

Wunderlich Cabernet Franc Villany 2004

酒色鲜红，花香清晰，入口轻淡，刚在品酒笔记上写下简单、有些苦涩的字样，口腔里的力度却显现出来，而且果味充沛。本来想倒掉，结果心有不忍，好吧，就给它多一些时间。香气还是有些漂浮感，在杯中久了烧烤、玉桂甚至肉味出现，莓果、巧克力的香也隐隐透出来，慢慢地还挺怡人，但是口中青涩，还是会有草本、青椒的气息。看一下背标，说是经过 28 个月的小橡木桶的陈酿，确实是精心酿造的一款酒，酸甜不错、口感幼滑，香气和架构俱备，品丽珠的特性也表现出来了，只是整体的不平衡显示出葡萄的质量驾驭不了尽心的礼遇，气候和土壤毕竟是最后的关键啊。

品丽珠做主角的产区在法国西部鲁瓦尔河谷中心地带的希农(Chinon)和布尔格伊(Bourgueil)，因离开大西洋岸已经有了一段距离，介于海洋性气候和大陆性气候之间的过渡地带，土壤以石灰质为主，品丽珠在这里有不错的舞台。10 月的时候伟哥自广州送司徒经香港去澳大利亚路过深圳，当晚开了一支希农法定产区卓格酒庄的酒给他们送行。

Charles Joguet Cuvee Terroir 2005

酒色黑浓，稍带蓝边，开始时香气浓缩、压抑，入口酸度高，丹宁深沉紧涩，14 度的酒精闻起来倒不是太冲，但予舌面以麻酥感，很过瘾。酒体结实、干练，3 个小时之后才开始涣散，品丽珠特有的香气，浓郁的红色水果，优雅的紫罗兰，以及柔润的口感、年轻时即已相当平衡顺口的特性都表现得很好，但也还是表现出了青涩的影子、森林的气息以及辛辣的印象。

当然，说的是品丽珠，最后还是要回到波尔多。就好像 NBA 里皮蓬在乔丹的身边于芝加哥公牛队成就了个人的伟大一样，品丽珠在波尔多的中心梅多克是配角，而在一些卫星产区如佛朗萨克(Fronsac)却算得上是中流砥柱，其典范则是在位于 Saint Emilion 值得让人们致以最高敬礼的、俗称波尔多八大酒庄之一的 Chateau Cheval Blanc：白马堡。

在这些顶级酒庄里品丽珠的种植面积都不超过 20%，像拉菲甚至仅占 3%到 5%，对品丽珠的使用，拉菲堡一向的态度就像是对待做菜时的香料，成熟好、质素高的年份加一点以收画龙点睛之效，像醒神的铅笔芯、优雅的紫罗兰都是品丽珠赋予拉菲的经典的香气。而在白马堡，品丽珠的种植面积却占到了 66%，在酒中的比例也相当高。既柔又密的个性、年轻与年长都吸引人的韵味，是很多知名酒评家对它的赞誉。

这也是自己非常喜欢的一家酒庄啊，虽然喝的次数不算多。如果说在八大酒庄里，拉菲典雅、拉图雄浑，那么白马给我的印象则是静谧。1983 年的如此，最后一次喝的 1992 年的亦如是，那是在一个很深的夜与某位美女在她家的客厅。

不知道是不是因文生义的缘故，在 Rona 如水滴般造型的水晶杯里，艳丽的白马就好像一道真的看得见白马的风景，口感似平淡而有深意、似温和却又性感，肃穆而灵动，让人想起东山魁夷的画。

1972 年，一匹白马闯进他的风景里，那一年他所画的一个系列共 18 幅描绘着春夏秋冬四季风景的画中，无一例外地出现着这匹白马。实景与虚像，写实与幻想，寂静融合；夕阳与澄湖，森林和绿响，超越了界限；在冷峻的知性之中、荒寥的旷野之外，他的画让浮躁敛息，情感静谧。

“你是一个能够让人平静下来的人呢。”记得那晚她也这样说我。

哦？是么。举杯碰一下，心里却想：这是称赞还是筑起了防线呢，呵呵。

不过，真的呢，在梦幻涌动的夜晚，喝着 Chateau Cheval Blanc，真的是感觉到一种沉静的慰藉。是酒、是人、是画、是夜、是白马，也是品丽珠作为媒介带给人的感触吧，而这也正是葡萄酒的好处呢。

空山无人，水流花开

有酒友来，不能不贪杯，很晚回家，结果是睡了一晚的客房。早上出门，心情积郁，信步走过高速公路旁一排芭蕉树的防护林，“噼啦”，一片巨大的叶子落下来。望望前后，路上除了自己没有别人。

这一响亮的落叶声只有自己听到了，但是又想：自己真的听到了么？落叶真的是刚刚落下的么？谁？能确定？一刹那竟仿佛身处东坡“空山无人，水流花开”的境地了。

美好的事情存在着，没有人知道；不好的事情发生了，也无须与人言。只是做一个过路者就好，哼一句齐秦的歌：“三十年的沧桑我经历太多，自己的心情我自己感受。”然后忽然地跳来一句诗：“从此萧郎是路人。”一下子沉重的情绪化解于无形，竟轻松了许多，甚至连昨晚的酒、那被我形容为“倔得跟骡子似的丹宁”也竟然在这一刻于味觉的记忆中消融，嘴里竟有了甜美感。

“萧郎”不是我，当然，可以是；“萧郎”是 Robert Mondavi，那一刻我是这么想的，当然，可以不是。头一次，竟然发生如此的隔夜品酒的状况来！可以说是有着最长余味的酒了。

昨夜是欧阳带着美女并酒来：Luce Della Vite 1997。

这是罗伯特·蒙大维和意大利托斯卡纳的 Marchesi de'Freschobaldi 家族，在 1995 年合作推出的一款佳酿，意谓葡萄树生命之荣光。

按照惯例朋友带酒来自己也要开一瓶，Luce Della Vite 我也有，是 1996 年的，藏之久矣，想刚好可以对比着喝，就一起打开了。

1997 年份的一开瓶，酒精就迫不及待地跳了出来拥抱你。是呀，刚从外面带过来温度肯定过高了，香气也有些杂乱，香水、甜甜的果酱，还带些金属味，摇摇杯、等待一会儿，一些樱桃、蘑菇、草本植物的香气隐隐约约，在杯中久了竟然还散发出海带、海潮的气息，入口很 Soft，当然还是掩盖不了丹宁和酸度的含量之高，Finish 好，突然地停顿数秒钟，回味才猛地出来。

1996 年份刚从酒柜拿出来，温度却又低了些，开始时没什么香气，呷一口丹宁亦强，等温度回升些再闻，香气优雅，雪松、红色水果类、草药的香，也予人甜的印象。两个年份差别甚微，有点后悔一起开了。结果这样说的时候，话题刚好是 90 后的女孩在问：老婆或是情人，你们男人是怎么看的呢？“在人生这么多问题当中，我宁愿选择后悔，但绝不让自己留下遗憾！”女孩子对我的“后悔”二字作了如此斩钉截铁的回答。现在的女孩子啊，总能说出让人汗颜的经典话语哪，好好好，既然开了就决不会后悔，干杯！但是酒，真的是没有惊喜的，只能说是中规中矩，虽说在杯中越来越好，但没有达到像名声一样的高度，而且持久力不强，口感很快就弱了下来，最后阶段更发出些松节油、榛子，甚至惊讶的好像是虾皮似的鲜咸的口香。

闻闻左手的杯、喝喝右手的酒，说："很硬，两个年份没多大的分别。"

"什么葡萄品种？"

"桑娇维赛，在意大利语中据说是丘比特之血的意思，混合了些美乐，但是，丹宁依然倔得跟骡子似的，化不开。"

"倔？是男人的特点么？"

"有时候是。"

"嗯，男人有时候是应该倔些才好。"

"呵呵，女人呢？"

"女人也有倔的啊，或者也要有倔的时候。"

"但是在酒里倔就不好了，我不喜欢这款酒。"

"嗯，罗伯特·蒙大维的酒我也是喜欢加州纳帕谷的。"

"女性化些？"

"我刚喝过两款蒙大维的纳帕，要看看笔记怎么写的。"

"但是，包括这款酒在内，现在都已经不属于罗伯特·蒙大维的了吧？"

"是呀，罗伯特·蒙大维他老人家不但是兴盛美国葡萄酒的巨人，更是葡萄酒世界里的纵横家，他的合纵连横促使了新、旧葡萄酒世界的交流、合作，乃葡萄酒世界之开大格局者。但逝者如斯啊，世界总是分久必合、合久必分，和意大利的这款已经结束了合作关系，和法国武当合作的以及蒙大维自己纳帕的酒庄也都被财团收购了，而老人家自己也仙逝了。”

“酒呢?”

“酒? 哦，酒还在啊，酒庄、名字都还一样存在着。这两支酒，还有我喝的那两款纳帕酒和这位美女一样也是90年代的，都是蒙大维还是当事人时候的酒。”

翻出笔记来，一瓶是和波尔多顶级酒庄 Chateau Mouton-Rothschild 的主人 Baron Phllippe 男爵合作的 Opus One 1992：

橙红色，皮毛、雪松的香，很甜，空杯的香气可以感觉平衡感很好，丹宁的紧涩感亦蛮好，口感温柔、绵软，口腔的丰富度颇佳，充满着甜美的香气，半小时后入口依然内敛，香草、烟丝、雪茄盒的香气散发出来，酒很甜但还是能够感觉到足够的酸度，越喝越好喝，持续力强，一个多小时后还是没有丝毫消退的痕迹，一直保持甜美迷人的姿态，如同性感的女人啊。这款酒也是我的个人珍藏。

而成名作 Robert Mondavi Napa Valley Cabernet Sauvignon Reserve 1993：

颜色深红，酒还是非常年轻，可以看出这瓶酒一直以来被呵护保存得非常好，开始是薄荷、尤加利树的香气，甫入口已有感觉，复杂，酒精的活力亦强，丹宁硬朗，觉得还是能够陈年很久。但是，中段却感觉出酒有些按捺不住了，后劲不继，散发着烟草、桑椹、烧烤类的香，口感的特点变得不明晰，香气还是很好，甚至有些兰花香，空杯更有刚采摘的新鲜草莓的清雅的香，是一款非常优雅的酒，只是在杯中久了口感有些失衡。这是香港黄老师的珍藏了。

Opus One 1992 是一泓湖水，“夜雨涨秋池”，饱满充盈，易自其静者而观之；Robert Mondavi Reserve 1993 则是大河了，少了宽广度，但是流动奔腾，有纵深感，易自其动者而观之；而 Luce Della Vite，真的要隔夜而观之乎？隔了夜一切都变得风轻云淡，紫陌红尘，我们轻轻走过，飞鸣而过我者是孤鹤、是落叶，却也惊不起什么，不高兴也不悲哀；陌路萧郎可以是人、可以是酒，倔得跟骡子似的丹宁都可以化作味蕾上的一抹香甜记忆。

和 Luce Della Vite 不同，Opus One 和 Robert Mondavi Reserve 是以赤霞珠 Cabernet Sauvignon 作为主角，也确实表现出加州酒的代表风格；和 Luce Della Vite 相同，它们都已是广陵绝响了！

山的那边

出生在乡下，故乡是一个叫山后的小村，面南背北是村子的座向，背山面海则是从小心灵的依偎。南面是山，北面是海，就像东边日出、西边日落一样，自小便形成了这样的空间感。结果，长大后无论去到南方还是去到国外，看到海总感觉那是北面。生活工作的地方也从来没有离开过海滨，打心里会觉得没有海的地方怎么能待得下去呢。

初中时写了篇作文，题目是“这山望着那山高”。结果当然是让老师给点名批评了，说是做人要脚踏实地，不要好高骛远。但是村子叫山后，从小就曾想爬上将我们隔在海边的这座山看看山的那边是怎样的，当长大到有一天真的爬上去了，发现山的那边也种着庄稼，也有果园，也是绕着村庄，有更宽的路伸向远方，而那里也有山，更高、更大，我还想知道那些山的后边会是怎样呢。举手想解释自己的主题思想，老师示意我放下手却不让我说话。从此上课我不再举手，也努力不再把自己最真实的想法告诉别人。

我一定会走出去，走出村南的大山，还会走得更远，我要知道山的那边是什么，甚至海的那边。离开，于是成为跟随自己一生的主题。

4月的时候去法国试新酒，恰逢Xinxin结婚。真是一个传奇的女孩子啊！每次去都承蒙她款待，并作为向导一起去酒庄看葡萄园、去酒窖试酒，而经过几次的一起品酒发现她的味蕾极其敏感，我们对于何谓好酒的理念也竟然非常相近。当初她无所事事为了陪外甥女读书来了法国，结果发觉原来自己更适合这里，爱上了葡萄酒，开始学习酿造，在酒庄工作，一直在第戎定居，现在广西女孩要嫁给本地人，因为最爱勃艮第酒竟真的变成勃艮第人了。

4月10日，下午按预约的时间，新郎Francois-Xavier的亲朋好友加新娘这边不多的东方面孔，一起到公证处登记、证婚，在公证人的监护下互换戒指、拿到证书，然后到外面的广场拍拍照片，之后去订好的一家餐厅地下室喝会儿香槟、吃点点心。傍晚分车南下，去新郎的妈妈家吃晚餐。或许知道我不善交际怕人多的场合，Xinxin说，晚餐的菜和酒都是我自己精心安排的哦，你肯定喜欢，特别是酒。其实能够在法国参加本地人的婚礼也是难得的经验呢，我努力享受着呢。

新郎也是出身乡下，是个可以依托的人，但是做的生意与葡萄酒无关，他的家族也是，所以当坐上他其中一个朋友的车驶出第戎走上博恩公路的时候，我只是欣慰又一次能够欣赏到两边这些熟悉的葡萄田，即使只是坐车经过也足以让人心驰神迷。然后车驶进Gevrey-Chambertin村，穿出来，前面是个山坳，Côte-d'Or就在眼前，而路仍指向Côte。

在心里赶忙将地图调出来，左手边森林下方的那一片东向缓坡应该就是Gevrey-Chambertin那著名的九块特级田区了，车头向西，右手边的坡地——对呀，东向中的南向，这片田就是Gevrey-Chambertin著名的东南向的一级田区啊，在很久很久以前这里的葡萄酒就可与特级田相媲美。

这块应该是Lavaut，那刚经过的就是自己一向喜欢的Clos Saint-Jacques了，心里默数着，然后葡萄田被甩在了身后，路仍在前行，两边的风景变成了树林，车竟然驶进了山里。原来这里是个垭口，我们要穿过它、翻到Côte-d'Or的后面去。

因为成长情结吧，我很早很早就离开了故乡，去山外读书，去境外生活，但是每每看到一些画面：比如北京天安门，比如香港太平山，比如巴黎凯旋门，比如喜马拉雅山……依然会想它们的后面是什么，想翻过去看看。当然有些曾经真的去了，也看了后面，有些也真的爬上去，抵达了那一边，而有些其实心里也知道是无需翻过去的，比如Côte-d'Or。

Côte在法文中是山坡的意思，Côte-d'Or则是Côte-d'Orient"东向山坡"的简写，由靠北的夜之坡Côte de Nuits和靠南的博恩之坡

Côte de Beaune 组成,俗称“黄金之坡”。确实,这里是世界上其中一个遍布着黄金般价值的葡萄酒产地。我不知道勃艮第人对这片并不是很高的山丘抱着怎样的感情。敬畏?崇拜?在世界葡萄酒爱好者的心中,Côte-d'Or 可是一块圣地哦。最近几年自己也是抱着朝圣的心每年都来,而且每一次的来到都有崭新的收获,每一次的离开都恋恋不舍,会对自己说还要再来。

当然偶尔也会兴起那个念头:山的那边是怎样的呢?这边有夜之坡、博恩之坡,山顶是森林,下面是葡萄园,一块一块,分隔出特级田,一级田,村庄级……那坡呢?山顶应该也是森林,然后呢?村庄?不以葡萄出名,但是不是也会种葡萄呢?会这样想想,但是不重要吧,呵呵,肯定不会翻过去到那边看看了。

没想到这一次竟然翻山越岭真的去了 Côte-d'Or 的后面!勃艮第痴迷者们没几人有如此机会吧!

那么,山的那边有什么?绿草如茵,森林如带,安详的小村庄,然后,一棵葡萄树都没有。

路越过草地,穿过森林,终于在一个山坡后的村庄停下,这里就是新郎妈妈的家了,村子叫 Quemigny-Poisot。晚宴在村公所举行,不大的一间房子,30 人的座位已经摆好。后面是一个简单的操作间,作为厨房的餐车更巨大,就停在门后。

在村子里走走,看夕阳渐落,客人们前后抵达,最后是一对新人,于是,香槟时间又开始了。Laurent Perrier,然后 Pierrel。

21:30 入席，前菜是肉冻、冻番茄汤、杂菜还有些搞不太明白的东西。

配的酒是：J. Condray-Bizot Puligny-Montrachet Premier Cru "Les Combettes" 2001。

矿物感很温和，口香里有苹果、香草的味道，平衡很好，复杂感突出，余味有一丝的苦，似有若无的，吃一口肉冻刚好消解了。第二瓶又不一样，复杂度强烈很多，口感也更加有力。真是好酒，我喜欢。

22:00 第二道菜上来，有松露啊，Xinxin 提醒我。

仅仅一片，就是盈口的香！

配的酒依然是 Domaine J. Condray-Bizot 的：Vosne-Romanee Premier Cru"Croix Rameau" 2000。

有老酒的味道，少许酱油味、烤焦了的面包气息。受过热么？入口却不差，平衡颇佳，口感也蛮有活力的。需要时间让不好的气味散开。果然，一会儿松、菇类的香气出来了，香气、口感变得更清澈、透明，余味也更佳。第一瓶入口先甜后酸，第二瓶则是先酸后甜，立刻那种优雅感呈现出来，丹宁也比第一瓶更扎实，最后皮革、巧克力的香都有，极其细致的一款酒啊。

23:00 牛排上来，酒依然是 J. Condray-Bizot：Gevrey-Chambertin Premier Cru 1996。

完全没有老味，香气压抑，口感平和。慢慢地越来越好，年轻，有活力，酸度怡人，丹宁好似感觉不到的柔滑。Vosne-Romanee 偏向香气出众的一路，而 Gevrey-Chambertin 口感一流。皮革、松的香最后出来，口感也越来越强壮，甜酸可人，丹宁慢慢地也给出了丝绸般的感受。

0:00 点了，法国人竟真的受得了这漫长的夜宴呢。该上甜点了？哦，才到芝士拼盘。

酒是 Domaine Servelle Tachot：Chambolle-Musigny Premier Cru"Les Amoureuses" 1983。

有酒渣，完全没有不愉快的味道，以辛香开头，松露、皮革、药草的香陆续出现；口感甜，但跟随着竟是辛辣感，酸的力度也足够支撑起整个口感来，有力，很丰富。这块田的名字是爱侣的意思呢。Xinxin 说："80 年代的酒还能找到如此感觉，皮革的香，然后这么香甜！太棒了！是吧？没有理由不喜欢，太复杂了，在杯子里变来变去的！"今晚做新娘啊，竟然还有如此细密的心思品酒！而且这时候亲朋好友们已经离开座位，不，是有的已经跳上座位，跳舞狂欢的时光来了呢。再开一瓶香槟：Charles Pougeoise Rose。

0:30 开的是新郎年份的酒：Joseph Drouhin Chambolle-Musigny 1969。

毫无老味以及不愉快的酱味，反而樱桃、皮革的香气迷人。入口有木味，但很快散去，最过瘾的是这酒于舌端予人一阵麻酥的感觉。口香也是皮革的香，酸度仍存，不是残存，也不是苟存，而是那种硬骨铮铮的存在感。1969年是勃艮第顶级年份，真的非常棒啊，完全想不到可以保持得如此之好。香气和口感越来越甜，真的是老而弥坚啊。当然我说的是酒，人么年龄则刚刚好啊，呵呵。

“好酒就是这样，能将那一年的收成、酿酒者的用心封存起来，传达到未来，即使多少年以后打开，饮者依然能够感受得到。”我说。

“是呀，好酒教会我们的就是：一定一定坚持信仰。”Xinxin喝一口她丈夫年份的酒，然后再闻一闻她自己年份的酒喃喃。

1:00 最后一支新娘年份的酒是：Bouchard Pere et fils Charmes-Chambertin 1973。

口感上比1969年弱了些，但依然很好，丹宁的涩感仍在，力度也好，细节部分更是让人印象深刻，余味充满整个口腔，并没有被前面的好酒夺美，仅是那种皮革的香好像自始至终延续下来了，酒还是很棒。

1:30 终于、终于到了道别的时候。

在我以前的第戎日记里写过：法国人见面打招呼很吸引人。哪知道法国人的道别原来更隆重啊，不亚于又一道大餐……

还来又醉勃艮第

2009年7月又一次去到勃艮第夜之坡Côte de Nuits,拜访了精彩的村庄Gevrey-Chambertin酿酒师Alain Burguet的酒厂、酒窖以及葡萄园。

一大早从第戎乘TGV去到哲维瑞-香贝田下来,负责酒窖管理和酿酒的艾伦二儿子腼腆内向的Eric Burguet便开车接上我们直趋酒庄。

到达酒庄,稍作准备,Eric便打开酒窖的门,这是爱酒者最兴奋的时刻吧。

艾伦的名声或许低于其他名声在外的勃艮第种植者,但是他的酒却毫不逊色。

他开始只是种植者,然后在20世纪70年代中开始收购属于自己的葡萄园,并开始酿酒。他一向信任并爱惜自己的葡萄园,即使在化学肥料和科学种植最兴旺和密集的七八十年代,周围的人都成吨地向葡萄园倾倒化学物质的时候，他也有自己的坚持，坚持古老相传的自然种植的方法。他在葡萄行距之间让草自然地生长，曾经引来别人奇怪的眼光，但是现在却是流行的做法。由于没有参与化学种植，他的葡萄园一向都保持着良好的酸度系数，而后来有机种植倡导者的发现证实，保持着良好酸度的土壤和野草分解后融合成的土壤更有利于葡萄酚类物质的形成。

“而且不用农药、不用除草剂，因为蜘蛛、小虫等小动物和葡萄有着更深的关系，比人类更长久呢。”谈起他的葡萄田，艾伦如是说。“要对邻居好。”言下之意不要影响别人，包括动物。

葡萄成熟后由他的两个儿子 Jean-Luc 和 Eric，带领 15 人的采收小组，根据不同的葡萄田和成熟情况进行两次的轮换采收，仅采收质量最好的葡萄果实。

一般的酒厂摘葡萄的人都比挑葡萄的人多，而他们摘葡萄和挑葡萄的人手一样多，也就是说他们更注重葡萄的挑选，几乎是一颗一颗地去选，非常认真。这情景我在 Chateau Margaux 见到过，然后才开始相信真的有酒庄这样做。

酿酒用的酵母也是没有添加酶或者其他任何添加物的传统天然酵母，不过滤，磷量控制最少的二氧化硫使用量，根据不同的地块，几乎所有级别的酒都要在橡木桶中经过 18—20 个月的培养，然后装瓶。根据不同的葡萄园，他们每年大约生产 10 款不同的酒。

在酒窖试还在桶里的 2008 年的酒。

第一桶：

就是很鲜艳的红色，酸，很酸。

Eric 提醒说不要大力地吸气，因为有很重的二氧化硫味，吸得多了会头痛。

是那种鸡蛋或臭鸡蛋味，果然。

丹宁的细致还是能够品得出来。

试完一口后见 Eric 将杯中的余酒再倒进桶里，我便也不忍一口喝太多，而且二氧化硫味真的很重。

第二桶：是勃艮第入门级的酒，来自第 15 到 18 块田的葡萄混合酿制而成，树龄平均 30 年。

鲜艳的红色，酸度活泼。Eric 解释说："是因为苹果酸发酵还在进行中，所以才这么酸。"

黑皮诺的皮不厚，果味表现得淋漓尽致，品新酒像在吃水果一般，丹宁已溶入酒体，很细软。大力摇杯将二氧化硫的气味摇散，勃艮第特殊的土味、果味都好。

第三桶：

Eric 说来自他父亲的出生地的葡萄园。

紫色的边缘，特别细致圆润，闻已经很好，果味新鲜，酸度好，丹宁细致如纱，还在发酵中，已经很好了，可以想见它的将来。

第四桶：

二氧化硫味很强烈。

摇摇杯让鼻子躲避着。

11年的树龄，年轻的酒很活泼。同行的Cindy说："高雅。"花香、果香都不错，像一件剪裁得体的衣服，丹宁不突出，确实可说是高雅，而且细致，非常好。

Eric说这块田的土质含有很多钙质，很多小石块，向阳的山坡地，有风，所以形成高雅的风格。

第五桶：

颜色很深，鸡蛋味的二氧化硫依然明显。

这些年天气变暖，葡萄为了保护自己，努力把皮长厚，造成了颜色深，而葡萄皮上天然的酵母也起到了保护的作用。

酸度强，丹宁如砂砾，在口中摩擦着，陈年能力很强的酒。

"没有经过过滤吧，这酒？"我问。

"是的，"Eric说，"我们的酒几乎都不过滤，灵魂不在酒里没有意义。你注意到没有？这些木桶有的开口在上，有的开口在下？"

真的哦。

"开口在上的酒换桶或者装瓶的时候酒液需要抽出来，而开口在下的原因就是让酒自然地靠重力轻柔地流出来，不会搅动酒液、酒渣，所以也可以省略过滤的步骤。"

"酒渣有的人认为是养分，还是要和酒溶合在一起，让酒尽力地吸收，而我们，"Eric说，"酒渣之所以会从酒中沉淀出来，肯定是无用了的东西，所以分离后就不用了，但酒不过滤也是因为已经用尽了酒酵母沉淀的好处，所以我们的酒更香、更丰厚。”

第六桶：

活泼的酸，舒服的丹宁，非常干净，复杂度也感受得到。

“我喜欢你们的酒窖，喜欢你们的酒。”

“我也是。”Eric 笑着说，指一下周围，“它们如鱼得水般地在橡木桶中、在酒窖中，这是它们的宇宙。”

第七桶：

天鹅绒般的色彩，来自一级园，色素还没有完全溶解在酒液里，还在流动，紫的边，很深的颜色，非常活泼生动。

“这也是一款要很多年才成熟的酒吧。”我说。

“是。像英雄，你要在人群里看到他的将来——桶边试新酒要抱持这样的一种心态。”

九点到十点，不知不觉竟然在酒窖中试了一个钟头，仍是意犹未尽啊。

出来酒窖，Eric 的大哥 Jean-Luc 出现了，一起试已经装瓶的酒，2006 年份。

第一款：Gevrey-Chambertin Tradition 2006。

颜色深，非常香，舒服，泥土味不强烈，有烘烤味，入口甜美，丹宁如丝绸。

美国黑皮诺可偶尔达到这境界，但是做不到从头到尾都如此舒服、大气。红果、蓝莓、覆盆子，非常棒的香气。

甜，也有点酸但是不露头，酒精感不强，丹宁有纱质般的存在感，稍微还是能感觉到一些二氧化硫的气味。很准确的一款Gevrey-Chambertin。

第二款：Gevrey-Chambertin Place Des Lois 2006。

入口香甜，酸度足够，阳刚，有架构，还是有些新，余味深具浓缩感，没有开放。

第三款：Gevrey-Chambertin La Justice 2006。

清新自然，花香迷人，入口甘甜，还没等口舌做好品酒的动作，自己就直接流下了喉咙，哪里舍得吐啊！丹宁的质感如丝如缎，回味中泛起雨后山谷中绿叶的清香。余味中酒精感才出现，是呀，这是酒啊，当然要有酒精感。

拥有良好平衡的一款酒。

第四款：Gevrey-Chambertin Mes Favorites 2006。

香气凝聚，口感凝缩，丹宁缜密，黏性强，香草、烟丝的香气，充分、集中，会是自己很喜欢的酒。

这时候庄主 Alain Burguet 回来了，打过招呼，他从一边拿出一瓶还没有贴酒标的酒来——

第五款：Vosne-Romanee Les Rouges du Dessus 1er Cru 2006。

泥土、烘烤、烟丝、丰富的薰草香，不摇杯已极其香甜，颜色深浓，不像勃艮第酒呢，香水一样的香。

入口丝丝的甜，有层次，精炼，极具深度也有长度，果味浓，整个后鼻腔都被充满。挂杯漂亮，丹宁如砂质，黏性强烈。还要陈年很多很多年才能喝啊。

Alain说这是40年树龄的葡萄，稍微晚收，因为土地面积有限，仅能酿4个橡木桶的量，葡萄收成最好的年份也最多不超过1200瓶。

他尊重自然、土地，不假农药和省事省力的技巧，但是也不会照搬古老的智慧和经验。例如，他不以传统的花开100天采收为准绳，也不以科学的糖度测量数据为达标，而是以更重要的酚类物质的成熟为收获标准，所以会比别人晚收几天甚至一个星期。

第六款：也是裸瓶的Chambertin Clos de Beze 2006。

“Clos de Beze。”庄主说。“Chambertin。”我接上。“No，No。”“I know。”在前面，我知道是Chambertin Clos de Beze。勃艮第的葡萄法规就是这样让人头痛呢。

刚倒入杯中香气还有些野性不驯，但很快散开，竟异常清新、舒服、愉悦，好极！

入口甜丝丝的，惹人遐思。酸度也好，柔软的丹宁，典型的勃艮地泥土味。

好酒需要时间，在等待的时间我把玩着刚刚开瓶的软木塞，都有酒庄的印记，只有一个除外。见我留意，负责市场、性格也活泼外向的Jean-Luc解释说：“在勃艮第酒庄要随时掌握葡萄园和酒窖的状况，每年的产量、卖出的情况、酒窖的库存等等，要随时应付海关的查询。”

这就是法国葡萄酒法律的严谨处啊。我心想。

“但是每年的收成不一样，有时候会估错瓶数，结果要临时加购酒瓶和软木塞，所以可能会出现有的软木塞没有酒庄印记的情况，像这一批。”

酒慢慢地开放，非常好啊，还要找地方吐？开玩笑，甚至都不舍得咽下去！

优雅，这才叫优雅，Chambertin Clos de Beze 啊。余味只有一个字：甜。最后还带些乡土的气息，丹宁在舌上刷刷的，如同风吹过青纱帐的声响。

结构的要素精确、优美，卓越的深度，而且有着坦率的风格，传奇名园果然不同凡响。

因为仅拥有一点点的园区，每年的产量不过两小橡木桶，刚刚在酒窖亲手摸过呢。

回头再来，La Justice 易入口，很好喝。Place Des Lois 要慢一点喝，一点药香，有点苦，陈年能力不弱。Mes Favorites 这酒的特点仍没突出来，也是要陈年，但是细致、优雅，细细品才知。Jean-Luc 找回木塞塞回去，等一下带上去吃午饭。（果然，午饭时好喝多了。）Les Rouges du Dessus 颜色还是很深，确实很好的酒，好喝的酒，让人兴奋。Chambertin Clos de Beze 就是优雅，其他语言都是多余的。

庄主也兴奋起来了，又起身再拿来一瓶，黑色瓶身、黑色酒标的 Gevrey-Chambertin 1er Cru “Les Champeaux” 2004：

酒一样的出色，而且有一股特殊的香，入口也是香得可以，真的是棒极了！

指一下整个系列的酒，我说：“这些酒如果卖到中国，波尔多很难卖了啊。”庄主大笑。

33 年前他创建了这个酒庄，当时他还是个在葡萄园工作的普通工人，帮别人的酒庄做事。“我要拥有自己的酒庄。”他对自己说，“2 公顷，我要起步，从 2 公顷起步。”于是去找旧庄主谈：“一人一半，我帮你管理葡萄园、负责收成、酿酒，但是每年的收成一人一半。”1976 年他终于买下了整个酒庄，1978 年才有能力建立自己的酒窖。从小就很有个性，14 岁就不上学了，上完职业高中就跟老酒农学种葡萄、学酿酒，不爱跟父母而是跟别人学。他一边创业，一边有点钱就收购别人的田，一点一点地积累，因为是从种植者开始入手，最重要的是他是这个村的人，知道很多村庄里的信息，所以他知道哪块田好，哪块田更有前途，哪些田想都别想，哪些田还有机会出让。通过收购，他的葡萄园不断扩大，现在在哲维瑞-香贝田村，他拥有 7.8 公顷的土地。在香贝田村和 Vosne-Romanée 也有大约 0.8公顷的葡萄园。

从 1974 年酒窖还没有建立他就定下目标，要做最好的，要和别人不一样，要和先人一样，在自然动力种植法还没开始流行的时候他已经知道要怎么去做才是最好的。

“罕见的珍珠!”美国人这么评价他的酒庄和他的酒，开始是米其林餐厅，后来是市场都找到了他。“光酿好酒还不行，还是需要市场，这是双向的。”

1981年葡萄刚出芽，霜冻就来了，这一年他一瓶酒也没有收成。82、83年他的日子非常艰难，一共也才收成了11桶酒，但是酒非常好。“太好了！非常棒!”这是最常听到的赞美，但是却没回报，所以日子艰难。“矛盾吧，呵呵。”

1985年气候也是很冷，损失惨重，仅四分之一的收成。那段日子没钱收，很痛苦。

1991到1994年开始好转，他酿出了很多好酒，都值得去买。1996年也是，很酸，但是值得收藏。今年他有机会买3个桶的Meursault，2009年甚至可能会搞到顶级田。进取的心仍然没有停歇。

说到此时，Les Champeaux酒精感出现了，很香，口感顺滑，纯净，野性完全消失。好酒的野性就像好的女人啊，完全是性感的来源。

真的是优雅。

不用品了，Nice，直接就滑下了喉咙，口舌的接受度是最直接的。

Chambertin Clos de Beze当然是最好的酒，价钱一倍有余，但是，今天的表现却是Les Champeaux最棒了，虽然我更喜欢

Chambertin Clos de Beze，一向。

“这酒还有多少？”

“238 瓶。”

“多少钱？”

“32 欧。”

啊？ 太便宜了吧?！ 天哪！

Alain Burguet：从 1850 年这块田就用这个酒标，每年的产量只有 900 瓶，两个小木桶，他比划一下——就够了。而且是 100％新桶，有些田的葡萄承受不了 100％的新桶，有些田可以。他解释。

呵呵，可以论杯卖呢，我说。

“Les Champeaux 是贵族的。”他举一下杯，“是年轻人的高处的目标。但 Chambertin Clos de Beze 是 30 岁以后，知道了自己的潜力、能力，可以接受的、最适合自己的最爱，是适合自己的。”

界限：迷人的香波木西尼盲品记

法国历史上的美食学家格里莫·德·拉·雷尼埃在1783年起开始组织的"哲学晚餐会"上特别推崇所谓的"美食家的雄辩"。在他眼里，美食已具有某种不言而喻的文化地位，这得归功于食客的批评能力。他在几年后出的《美食家年鉴》中提出"品尝评委会"的定义："该评委会由经验老到的受人尊敬的美食家们组成，他们的味觉尝遍所有烹饪术的各个分支，他们知道如何评价所品尝的美食。他们品尝酒食时不知道作者的姓名，只根据产品本身做出评判，以避免受到某个姓氏名望的影响。"美食批评同样也是启蒙时代文化生活的结果，理性批评运用于某些生活嗜好之中。

——《法国文化史》

这应该也是葡萄酒世界"蒙瓶盲品"形式的文化发源。

在香港，方丈大哥一直坚持组织着很棒的盲品会，每期都是不同的主题，酒友们自带一支酒，遮住酒标，纯粹以酒质制胜，然后由胜者确定下一次的盲品主题。

第一次参加，主题是法国勃艮第香波木西尼区（Chambolle-Musigny）的酒。

勃艮第葡萄酒有一种集体性，色泽、香气、味道，宣布效忠般有共同抱持的东西。香波木西尼的风格以细腻、优雅、亮丽、芳香为特点，让人耳目一新。此区有两块特级田：Musigny 以及跨村的 Bonbes-Mares；二十几块一级田。香气会有樱桃、草莓、覆盆子、紫罗兰、玫瑰花瓣、野味、烤肉、泥土、苔藓、松露等等气息。

要了解这区的酒，无论名气还是典型性都不应该缺了具有代表性的“爱侣园”。且不管别人，我决定了自己要带的酒款。

盲品场所安排在香港很棒的餐厅“香宫”，这里的食品和侍酒服务都属上乘。

第一款酒出场：有酸樱桃的香，压抑，格局窄了些，简单；丹宁柔顺无痕，在回味中丹宁有来自葡萄梗的感觉；酒精感一直在，余味似苦未苦。就表现而言达不到一级田的水准，或者是弱年份的一级田。86 分。

结果是：Domaine Ghislaine Barthod Chambolle-Musigny 1er Cru Aux Beaux Bruns 2004。

第二款酒：同样压抑，香气未打开，有时候你能闻出一些香气来，或是花香，或是果味，或是什么其他东西，模棱两可。口腔中果味倒不过分，细致，也有结构，但除此之外没有太多内容。倒是口感的精细度蛮好，让我颇费思量：这要么是不错的村庄级，要么就是无趣的特级园。88分。

最后揭晓，竟然是：Domaine Bertheau Bonnes-Mares Grand Cru 2006。

Bonnes-Mares田更近北，风格硬朗些，但此酒空余骨架。这大概就是马拉美说的："除去发生什么也没有发生。"这瓶酒除了被打开，什么也没有倒出来。

第三款酒出场：甫入杯香气已经迫不及待地呈现出它高贵的出身：生物动力法的产物。橡木桶给予的影响明显，浓重，但表现极佳，香料、榛果、烤肉，优雅的木香，就是刚刚锯开的木材，不生不涩；酒体有结构，有层次，酸度也维持得很好，甜感慢慢出来，复杂度则一直都在。非常好的酒。

有些酒就是天生带有一种触发性，能够瞬间抓住我们，引起我们的感知，挑起我们心底的感动。就是这酒。95分。

最后揭晓，是：Domaine Leroy Chambolle-Musigny Les Fremieres 2007。

原来是 Leroy!

她的酒表现了不可预知性,总能从中喝出预期之外的东西。

界限就在这里,混乱也由此产生。

本来勃艮第特级田、一级田、村庄级壁垒分明,有其决定性和约束性,而赖以维持此种等级制度的,就是勃艮第人乐道的“风土”。

在葡萄酒推广者说法里,风土是一个崇高的和特性异常微妙的概念,长久以来被认为是不可解释的。这毫不奇怪,因为它的许多方面的本质不是光靠着酒评家就可以领悟的,甚至也不是酿酒师就能够领悟的。酿酒师只能靠天赋掌握它,甚至并不知道是否掌握了它,既不知道是在何种程度上掌握了它,也不知道是如何把它赋予自己的作品。总之,风土,真正是不可言传的,是一种对于大多数人来说是不可理解的,而对于酿酒师来说又是极为重要的东西。

勃艮第人以此为由将葡萄田固定下来,划下界限,同时也成为一道枷锁,Leroy 却是来打破界限的。她尊崇生物动力种植法,管理葡萄田以及根据月亮的阴晴圆缺来进行酿造。只是村庄级的葡萄田,她也能把葡萄酿到极致,酒的表现和吸引力真是一骑绝尘,分级制度限制不了她。

第四款出场:香气浓郁沉潜,果味不过分,酸度穿透力很强,直至余味中也在;丹宁稍有缺陷,不足以支撑起结构,不均衡;复杂感倒还不错;木味后来出来,突兀,甚至带些旧木头难以觉察的霉味。

酒有些年龄，却没发展出甜美特质来。92分。

品酒时的先入之见会阻断我们对酒的品质的真正判断。这酒纵使香气也已经表明其和三号酒一样，都是生物动力法的出品，但紧跟宏大的第三款酒出场，难免有被遮掩的损失，有比较之下露怯之处。

其实也隐隐猜到这是自己带的酒，但我知道有时候香气会让我们误解，带着你轻柔地失去方向，所以还是根据口感的真实表现打分就好。

即使揭晓了身份之后，我还是认为这酒再没有值得加分的地方。

这是爱侣园：Domaine Lucien Le Moine Les Amoureuses 1er Cru 2001。

第五个出场：这酒尺寸短小，贫于变化，年轻、青涩、粗俗得就是大区水平。酒里的香气多仅是似是而非的一种感觉，这酒却连这点香气都没有，一点感觉都不给出，没什么东西可资言说。喝这种酒真是空费唇舌啊。85分。

结果是：Domaine Faiveley Chambolle-Musigny 1er Cru Les Fuées 2004。

第六款酒：酒精刺激鼻腔，浓郁，丹宁在下腭的存在感强烈，口感精细度达到一级田水准。有意思的酒，尽管就对黑皮诺这种葡萄的特性表现来说可能不是很准确和生动，但随着果味慢慢出来，甜度也舒服、圆满，有结构，也有复杂度。只是还原味强了些。90分。

揭晓，这酒是：Domaine Comte Georges de Vogüé Chambolle-Musigny 2009。

第七款出场：浓缩，药草香，丹宁涩重，有结构，格局厚实，老藤，顶好的酒，预示有不俗的陈年潜力。94分。

答案是：Domaine Cecile Tremblay Chambolle-Musigny 1er Cru Les Feusselottes 2011。

它的酸度具有一种美妙的穿透力，口感要素皆切实可感，在口中建起一栋抒情的虚拟房舍，有结构，有层次，还有一扇窗，推开，带来原野的风，风中有花园、森林、山岗的气息，东向山坡宁静地在那里。

这酒的魅力慢慢散发出来，持久悠长，变化多端，表现得如此准确、精当，她将柔情确立为最高目标，让人欣赏到香波木西尼酒的迷人美质。

……我们还会再见面，如果我们还会再见面，是否我们还会再见面，不需要更多甜言蜜语，只要知道我们还会再见面……

——真是让人无言心许的一款美酒啊。

第八款酒：非常舒服的香，香料、果味均衡；有一种和平的、生动的口感，很好喝，吸引人，其恰如其分的平衡感、无可怀疑的单纯，必须细品才能得其要，在可感受性中获得一块精确；口感细致，达到一级田水准。93分。

在盲品的场合这酒很难突围而出，我长久地静静地品饮，而它只是保持着无动于衷的高贵，毫不在乎。

这酒是：Domaine Perrot-Minot Chambolle-Musigny Vieilles Vignes 2006。

第九款：鲜美，好喝，有中药香，口感细腻，以一种轻歌曼舞般轻盈的特质，带出了此区葡萄酒的典型性，但格局窄，单薄，有些浮皮潦草。91分。

揭晓，它是：Domaine Georges & Christophe Roumier Chambolle-Musigny 2007。

盲品场合经常出现有那么一两款酒，要么以它的酸度，要么是甜，要么以它的香气，要么是口感，如同教堂的尖塔和圆顶般因为高于其他建筑，而从城市中心突出出来，人们远远就可以看到它们凌驾于所有其他建筑物之上。

今晚就是第三和第四款酒，一开始就呈现出实力超群的姿态来，高高在上地获得大家一致的赞美。它们是真正的好酒么？如同建筑走过去才能看到全貌,酒亦然,当你走近,酒的深刻性和魅力不可能不在我们面前展现出来。

很多人摆出这样的姿态:要了解勃艮第酒?除非天生在那儿。

可惜我们无此幸运。

其实,要了解酒在杯里已经足够,不一定要走进酒庄,也不一定要走进酿酒师的故事里。如果一款酒不是在杯中被理解,它是不存在的。关于这一点,有我有话要说的地方。

当一瓶酒被打开,在杯中展开,你必须试着去理解它,我们在杯中要能发现的不只是酿酒师放入其中的东西。

最后,九个人、九款酒,综合得分排名是:3492、78615。

我个人的排名是:3784、96215。

除了三款酒令人失望之外,其他酒款都表现出了香波木西尼的美妙风味,当然每个人各有不同的趣味。

近年生物动力种植法受人追捧,今晚生物动力风格的酒也是表现突出,得到大家一致的喜爱。

不过,我们要知道,无论叫自然动力法还是生物动力法,并不能说这种倾向是一种进步,它只是一种潮流。

生物动力法开启了一种风格,容易辨识,但是在这种开启中酒可以达到这种风格,却不一定就能达到一定的品质。风格是不能否定的,但是毕竟品质才是一款酒的本质。风格容易复制,品质却不是谁都懂,即使是酿酒师亦然。生物动力法并不是对人人来说都是一个有效秘方。在此我们需要分辨能力,需要有一种勇于抵制的姿态,抵制会把我们对酒的品质的判断力引入迷途的东西。同样的风格不是问题,要能自立才好。很多酒庄、很多酿酒师也不了解这一点,他们知道他的酒能够卖个好价钱,却不一定知道他的酒的吸引力到底何在。

界限就在那里,有些人就是过不去。

酒评家面临的一项任务是,在市面上流通的葡萄酒中,从大量的形式上得体的、时髦的制作中辨认出真正具有原创性、精密性和创造性的作品,保持传统和创新风味一样重要。

盲品有时候要的结果不是准确,如品种、产地、年份、酒庄等信息,而是看其本质能否被理解,这本质就是品质的表现。品酒师这项工作倒不一定要求有绝对敏感的鼻子和舌头,但一定要有高度敏感的理解力。葡萄酒的魅力或者说吸引力到底何在?很多人并不能理解它的实质。

在这么多款其实都被称作名酒的酒款里,第七和第八款酒,可以说是自己今晚最大的发现,或许该私藏之,不与外人道才好,好酒不该张扬啊。

一次中国市场南澳色拉子的盲品小记

主题很清晰,葡萄品种是：色拉子;产区：南澳。

了解了这一点,喜欢葡萄酒的朋友脑海中便会开始回放,或是从网络,或是从书本,得来的对澳大利亚、对色拉子的了解。

在法国叫 Syrah,在澳大利亚叫 Shiraz,是一种精力充沛、扎扎实实的葡萄品种。可以酿出颜色黝黑,结构饱满,浓郁沉实,深具香气、强而有力的葡萄酒。香气以黑胡椒、白胡椒、黑橄榄、香料、果酱、尤加利树、甘草、烤肉、巧克力、皮革等等为特点。

伊朗有个与 Syrah 同名的港口,据说是色拉子的故乡,乍听有些奇怪,且不去管它。以前澳大利亚很多酒标会标示：Shiraz/Syrah,是对原创的尊重,澳大利亚的色拉子确实来自法国南部的罗纳谷。这种现象现在少了,更多的酒标去掉了 Syrah。澳大利亚酿酒人更自信了。

在罗纳谷色拉子的历史悠久,特色分明,权威出众,顶级酒无论品质还是陈年能力，与波尔多相比都毫不逊色，是帕克的所爱。

当欧洲移民来澳大利亚闯天下时，开垦土地，种植葡萄，多数乃医生所为，葡萄酒更多是作为医药用途，当然顺便也拿来喝喝。色拉子后来被肯定为澳大利亚最杰出的葡萄品种，为澳大利亚葡萄酒赢得名声则是多年以后了。

南澳的巴罗萨谷(Barossa Valley)是澳大利亚最大的优质葡萄酒产区，此区的色拉子香气外放，口感丰盛；麦克雷伦谷(McLaren Vale)则更近海，海洋气候的影响更明显，此区的色拉子优雅坚实，温顺丰美。

这次盲品便是以这两区为主题，规模虽不大，分为两组共12款酒，但都是国内能买到的知名品牌。第一组零售价在100元至200元之间，第二组则在300元至800元之间。允许混酿，以色拉子作为主导品种就好。

一直以来都很欣赏澳大利亚酿酒人的一句话："我们不做垃圾酒。"亲耳所闻。事缘有国内酒商一直进口一欧元的法国酒，然后在一次酒展上问澳大利亚人能不能做更便宜的。中国人问得理所当然，澳大利亚人答得大义凛然。

任何事情都是要成本的，吸引消费者，酒瓶子还要高大上，酒标要改得漂亮，塞子还要软木塞，这些都是固定成本必须要付出的，那么还要便宜，你想酒商能装啥进去给你？这时候只能克扣瓶中液体的成本了。

好吧，话题扯远了，还是开始品酒吧。

盲品队伍分为 6 组，每组 5 人。分为广州饮食传媒的从业人员组、葡萄酒经销商组、消费者组等。盲品在这样的一种场域，所有的酒、品酒的人，都处在不可跳脱的处境中，酒的水平、品酒的水平皆如是。面对一堆来源不明的酒，只能怀着一种不可跳脱的被动性置身其中。自己和资深葡萄酒鉴赏家冯卫东先生，则是应邀作为监场嘉宾另列一组。

第一轮：6 款酒。

很多人都迫不及待，服务生刚倒下酒，便着急地闻着。我有我的习惯，等 6 款酒倒齐，才开始快闻一遍，根据第一印象再把酒分为两组，462、531。

因为 2 号酒服务生倒得太少，而且酒有些封闭，让给加些。毁了！后加的和刚才不是同一瓶，酱油味明显，显然这瓶是在市场流通时受过热，令酒质快速发展了。这令它显得无助，虽然在杯底、在缺失处它顽强地试图表述自己，我考虑了一下，还是不得不遗憾地将它的名次调到 3 号酒之后。虽然品尝起来这酒其实品质不错，但是盲品场合还是需要尊重一下即时的表现力，对各酒也才公平。

“澳大利亚葡萄酒最重要的品牌印象，如同那些重视行销的澳大利亚人所说，就是酒质的稳定度。每一瓶澳大利亚葡萄酒的品质

都会达到某种最低限度，让大家都能接受。”（《世界葡萄酒地图》）

确实，这一组从表现看可以明显分为两个层次，两款表现力最突出，三款相对比较平淡，2 号酒出现状况则是因为保存，6 款酒都没有任何来自酿造上的错误。

从口味上，有些酒太酸、有些酒过甜、有些酒酒精感过强，不是酿酒师没有能力去达到品酒师要求的均衡，因为这个级别、这个价位的酒，酿出来并不是给品酒师评分用的，而是给消费者在餐桌上和食物一起享用，酒需要和食物一起达到味道、口感甚至营养的均衡。酒是餐饮的一部分。这时候的过酸、过甜、酒精感并非是有待修复的缺陷。

有时候酒的非均衡性恰恰就是为了在餐桌上和食物的结合达至均衡。

至于品种特色、产区风格，这轮的酒也都有不同程度的体现，不过，就像刚才说的，这个级别的酒不应该让它身担重任，在餐桌上能做到适口好喝就好。

第一轮：我最后给出的排名是 465、321。

综合所有组别只取前三名的最后排名则是：3、4、5。

第一轮酒款：

1. 利达民 Lindeman & apos; s Shiraz-Cabernet 2012。

2. 杰卡斯 Jacob & apos; s Creek Shiraz-Cabernet 2010 。

3. 安戈瓦 Angove Shiraz-Cabernet 2012。

4. 奔富 Penfolds Koonunga Hill Shiraz 2012。

5. 玫瑰山庄 Rosemount Estate Shiraz-Cabernet 2012。

6. 安戈瓦 Angove Long Row Shiraz 2012。

第二轮：同样是 6 款酒。

从颜色看 2 号和 5 号最贵了，颜色黝黑、深迥。特别是 2 号酒像披着黑斗篷，封闭着，沉默着，固守着黑暗元素，什么都不透露。"黑暗，它的秘密，它的危险和财富。"

第一感觉的排名是：256、431。

抹去视觉印象，综合香气、口感、表现力，我的最后排名是：543、162。

4 号、6 号酒显示出优雅的一面，好吧，线索清晰可见。我必须从这一点的确定性出发，猜想它们来自麦克雷伦谷，无需举棋不定。其他酒款品质说来也都不错，偏于巴罗萨谷风格，表现出品种和地域特征。

好酒总有它内在的直接性，一喝就是。特别是南澳酒带着不可剥夺的甜美而丰腴的印记，以凿凿有据的方式现身，也勇于表现。

当然，有年份差异的因素、有盲品的时间限制，相比较而言，4 号、5 号表现得更开放，首先达至更易饮的状态。

5 号酒奔放，讨人喜欢，在这轮酒中它的口味并非更浓，而是酒体结构更清晰，更富于表现，它的表现力有一种并非复杂而是充盈感。像美丽而又自知自己美丽的女子，总能很好地在众人中脱颖而出。4 号酒自始至终的优雅我其实更喜欢，也富有变化，要理解它必须下功夫，确实它并不略逊一筹。但是，当下 5 号带给我更多的感受性，这酒像花儿一样毫不费力地打开自己。好吧，顺从它，给它第一。

6 号酒应该年份新，新年份的酒难免总是沉默着，尽管我们知道在它的沉默中应该蕴涵有刹那间冲破沉默而迸发出真正表达的各种可能，却最终从很大程度上讲，没有真正进入言说的世界。当然，这并不意味着这支酒不好，只是体现出：在现阶段这酒没有表现，不在开放的时候。有品质但是需要更多时间热身，要像一个舞者，音乐已经响起，翩翩起舞才是，这时候无动于衷就得出局。

2 号酒出乎意料，和色泽的暗示相比香气和口感完全暴露了它的浅薄，除了过量萃取的色素，没有多少风味物质，一副冷冷的面孔，披着松松垮垮的外衣，什么都不泄露，只是扮出来的深沉。

最后，这一轮的排名是：5、4、3。

第二轮酒款：

1. 禾富酒园 Wolf Blass Gold Label Shiraz 2011。

2. 彼得利蒙 Peter Lehmann Eight Songs Shiraz 2008。

3. 马华克 Maverick Twins Barossa Shiraz 2009。

4. 安戈瓦家族 Angove Vineyard Selection McLaren Vale Shiraz

2009。

5. 奔富 Penfolds Bin 389 Cabernet Shiraz 2010。

6. 安戈瓦家族 Angove Family Crest Shiraz 2012。

在两轮的个人排名我都给了“奔富”第一。

好吧,“奔富”具有无可撼动的大众喜欢的口味,抓住了普遍有效的舒适性,它的直线性的表现力恰好适应这类的盲品,百米赛跑,瞬间赢得一切。

我该为自己的大众口味羞愧么?我想了想,它有几个对手不在,但是结果应该是没有争议的。

品酒总有一个始终存在的诱惑,就是从杯中嗅出的、品出的,都是最乐意迎合自己的预设概念的东西,盲品避免了这一点。

“奔富”如何做到吸引大众注意?尽管有些抗拒,“奔富”的整体风格一向具备一种命令式的简洁和确定性,无论仰慕者还是坚定的反对者都不能否认。其实也正是通过数次的盲品,我克服了对“奔富风格”的轻视和反感。

每一个人对酒的理解都有特殊性,只有当他扬弃自己的固执到达葡萄酒的普遍性,他才算真正理解了酒。

这次盲品活动结果的得出,真是一个具有启发性的排名,特别对酒商而言。承不承认都无关紧要,“奔富风格”已经成为一种衡量标准,起码在中国市场(说的当然是它不可剥夺的大众口味)必须得承认，它已经建立了消费权势。

安戈瓦家族的酒表现出卓越的性价比，也带领我们领略了麦克雷伦谷优雅收敛的风格，展现出色拉子多变的风貌，给予消费者另一种选择的可能。和巴罗萨谷宽厚、迅速的风格相比，麦克雷伦谷并不逊色，所有的东西都在这里，然而还需要更多，麦克雷伦谷需要增加它的深度和风味的集中度。无论如何，此区葡萄酒的品质不管对酒商还是消费者而言前景都充满了诱惑，值得期许。